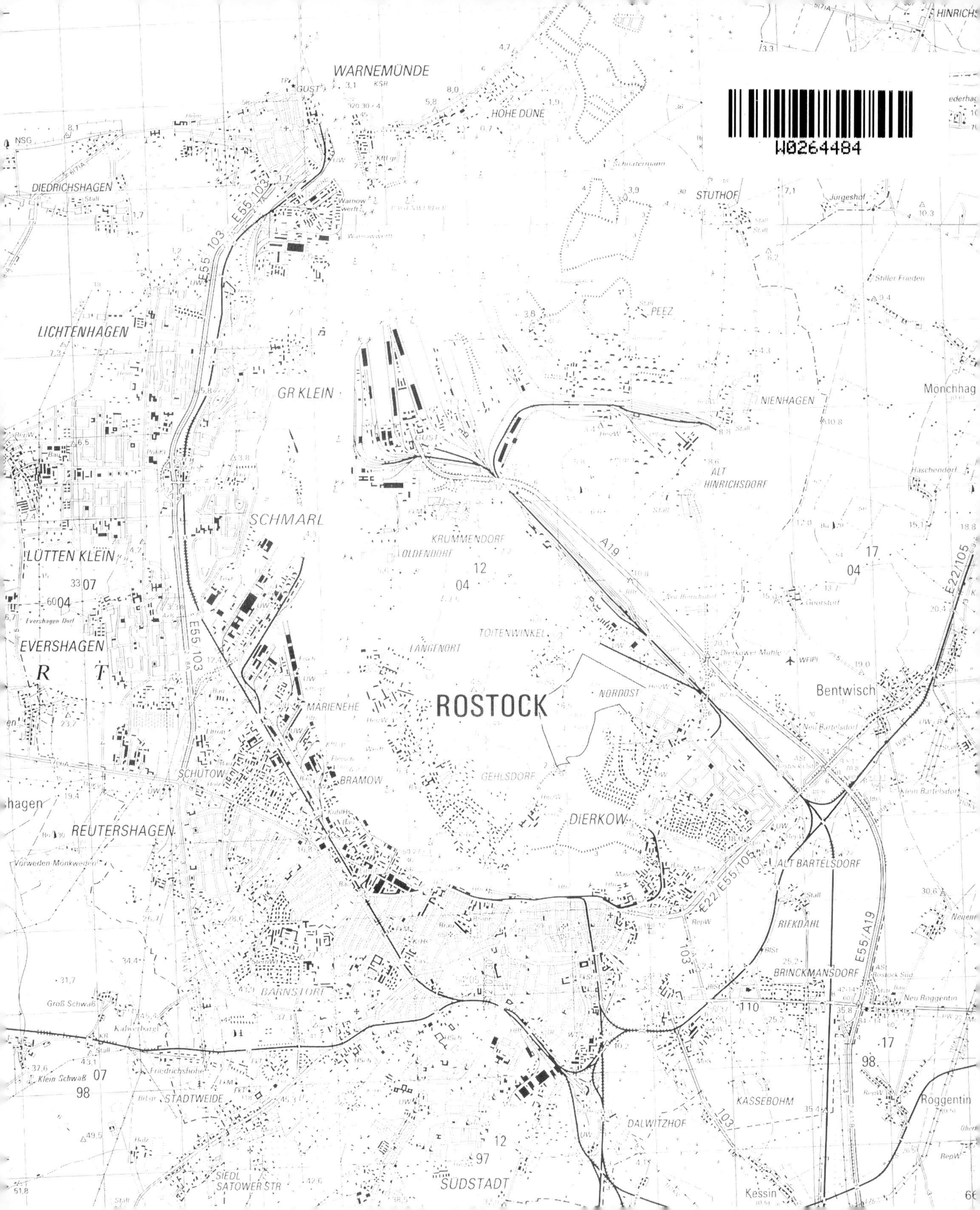

WARNEMÜNDE
HOHE DÜNE
DIEDRICHSHAGEN
STUTHOF
LICHTENHAGEN
PEEZ
GR KLEIN
NIENHAGEN
Mönchhag
ALT HINRICHSDORF
SCHMARL
KRUMMENDORF
OLDENDORF
LÜTTEN KLEIN
EVERSHAGEN
TOITENWINKEL
LANGENORT
Bentwisch
MARIENEHE
ROSTOCK
NORDOST
SCHUTOW
BRAMOW
GEHLSDORF
REUTERSHAGEN
DIERKOW
ALT BARTELSDORF
RIEKDAHL
BRINCKMANSDORF
BARNSTORF
Groß Schwaß
Kalwerbarg
Friedrichshöhe
Klein Schwaß
STADTWEIDE
KASSEBOHM
Roggentin
DALWITZHOF
SIEDL SATOWER STR
SÜDSTADT
Kessin
A19
E55/103
E22/E55/105
E22/105
E55/A19

Lothar Schultz · Peter Wilhelm · Klaus Pfafferott

150 Jahre Eisenbahn in Rostock

Lothar Schultz · Peter Wilhelm · Klaus Pfafferott

150 Jahre Eisenbahn in Rostock

Die Chronik zur Eisenbahngeschichte der Hansestadt

transpress

Einbandgestaltung: Andreas Pflaum

Titelbilder:
Oben: Gleich drei Lokomotiven der Reihe 232 warten am
02. Oktober 1992 in Rostock Hbf. auf Ausfahrt mit ihren Zügen.
Aufnahme: Wilhelm
Großes Bild: Ein Doppelstockzug der Rostocker S-Bahn überquert
im Sommer 1991 den Alten Strom in Warnemünde.
Aufnahme: Jacobson

Rücktitelbild: Die neue Zeit: Dreiteiliger Talent-Triebzug der
Ostmecklenburgischen Eisenbahn verlässt im Mai 1999 Rostock
in Richtung Güstrow.
Aufnahme: Schultz

Vorderer Vorsatz: Rostock im Netz der Eisenbahn von
Norddeutschland.
Quelle: Eisenbahnkarte der DB AG

Hinterer Vorsatz: Das gesamte Stadtgebiet mit seinen
Eisenbahnanlagen in einer Darstellung von 1990.
Quelle: LVA Mecklenburg-Vorpommern, Schwerin

ISBN: 3-613-71124-9

Ein Unternehmen der Paul Pietsch Verlage GmbH+Co
1. Auflage 2000

Lektorat: Claus-Jürgen Jacobson
Innengestaltung: PHG Lithos GmbH, 82152 Martinsried
Druck: TC-Druck, 72072 Tübingen
Bindung: E. Riethmüller, 70176 Stuttgart
Printed in Germany

Vorwort

Die Eisenbahn leitete vor 150 Jahren das technisch-industrielle Zeitalter in der altehrwürdigen Hansestadt Rostock ein. Ein ungeahnter wirtschaftlicher Aufschwung setzte in der Folgezeit ein. Die neue Produktivkraft beflügelte Körper und Geist aller Menschen; zahlreiche Firmengründungen und das Aufblühen des geistig-kulturellen Lebens künden davon. Rostock war mit 21.600 Einwohnern 1850 und in der Folgezeit die größte Stadt im Mecklenburgischen und ist es mit »nur noch« 205.000 im Jahr 2000 noch immer. So hatte sich Rostock ebenfalls als größte Wirtschaftsmacht im Lande herausstellen können. Die momentane Flaute im wirtschaftlichen Leben schärft den Blick auf morgen und profiliert die Wirtschaftsstruktur der Zukunft.
Die Entwicklung der Eisenbahn in Rostock und dem näheren Umfeld darzustellen, ist das Anliegen der Autoren und des Verlages. Dabei soll allen Interessenten der Werdegang der Eisenbahn und ihre Rolle in der Wirtschaft verdeutlicht werden. Die historischen Fakten stellen das Gerüst dar, in dem sich Technik und Kommerz der Eisenbahn entwickelt haben. Schließlich ist die Eisenbahn nicht zu ihrem Selbstzweck, sondern als Dienstleistungsunternehmen in der Transportbranche für Wirtschaft und Gesellschaft entstanden. So ist die Entwicklung der Eisenbahn immer ein Spiegelbild der politischen und wirtschaftlichen Ereignisse ihrer Zeit. Völlig natürlich ist dabei, dass es auch hier wie in jeder anderen Entwicklung Höhen und Tiefen gegeben hat und mancher Wunsch als Wunschtraum zurückgeblieben ist.
Nicht alle Abbildungen konnten Erstveröffentlichungen sein. Diesem Anspruch stehen ein paar regionale Publikationen entgegen.
Wir danken allen, die am Gelingen dieses Buches ihren Anteil haben, sei es in Wort, Bild oder Schrift.
Wir wünschen uns, dass dieses Buch die Erwartungen der Leser erfüllt und auch gern als Nachschlagewerk ein zweites Mal in die Hand genommen wird.
In diesem Sinne viel Freude mit dem vorliegenden Werk.

Die Autoren

Inhaltsverzeichnis

1. Der Beginn des Bahnzeitalters in Rostock

Rostock im 19. Jahrhundert

Die Stadt Rostock entwickelte sich aus einem Siedlungsgebiet deutscher und slawischer Volksstämme am Unterlauf der Warnow. 1218 erhielt die Siedlung das Stadtrecht vom Fürsten von Mecklenburg, Heinrich Borwin, verliehen. 1419 wurde die Universität Rostock gegründet. Im Hansebund der Schiffer und Kaufleute aus dem Ostseeraum spielte Rostock eine bedeutende Rolle. Das waren die Wurzeln des Aufblühens der Stadt im Mittelalter. Machtkämpfe zwischen weltlichen und konfessionellen Lagern bescherten der Stadt eine wechselhafte Entwicklung von der Hanse bis zum Ende des 30-jährigen Krieges. Erst zu Beginn des 19. Jahrhunderts zeichnete sich nach den Befreiungskriegen eine Entwicklung ab, zu der man den Beginn des neuen Zeitalters postulierte.

Ein lebhafter Handel über See förderte die Entwicklung der Seeschifffahrt; zu Lande war der technologische Endstand des Fuhrwerks erreicht. Das wurde zum Wendepunkt in der Entwicklung des Verkehrswesens, da keine Ansätze für die bedarfsgerechte eigene Weiterentwicklung der Ortsveränderungsprozesse der Güter vom Produktionsort bis zu den Märkten mehr gegeben waren. Folgerichtig musste ein neues Verkehrsmittel, das Schienenverkehrsmittel, »erfunden« werden. 1835 verkehrte die erste Eisenbahn in Deutschland zwischen Nürnberg und Fürth. 1836 strebten die Kaufleute der Stadt Wismar eine Bahnverbindung für den Salztransport nach Hannover an, aus der aber mangels Erfahrung bei der Umsetzung vorerst nichts wurde. Die erste Eisenbahn auf mecklenburgischem Boden war ein Teilstück der Berlin-Hamburger Eisenbahn, von Preußen 1846 errichtet. All das beobachteten Politik und Wirtschaft aufmerksam. So gab es aus den hoheitlichen und wirtschaftlichen Zentren, zu denen Rostock zählte, Bestrebungen zum Eisenbahnbau mit Anschluss an die Hamburger Eisenbahn. Die »Mecklenburgische Eisenbahngesellschaft« gründete sich und errichtete die Anschluss-Strecken, von Hagenow nach Schwerin, weiter nach Wismar und anschließend nach

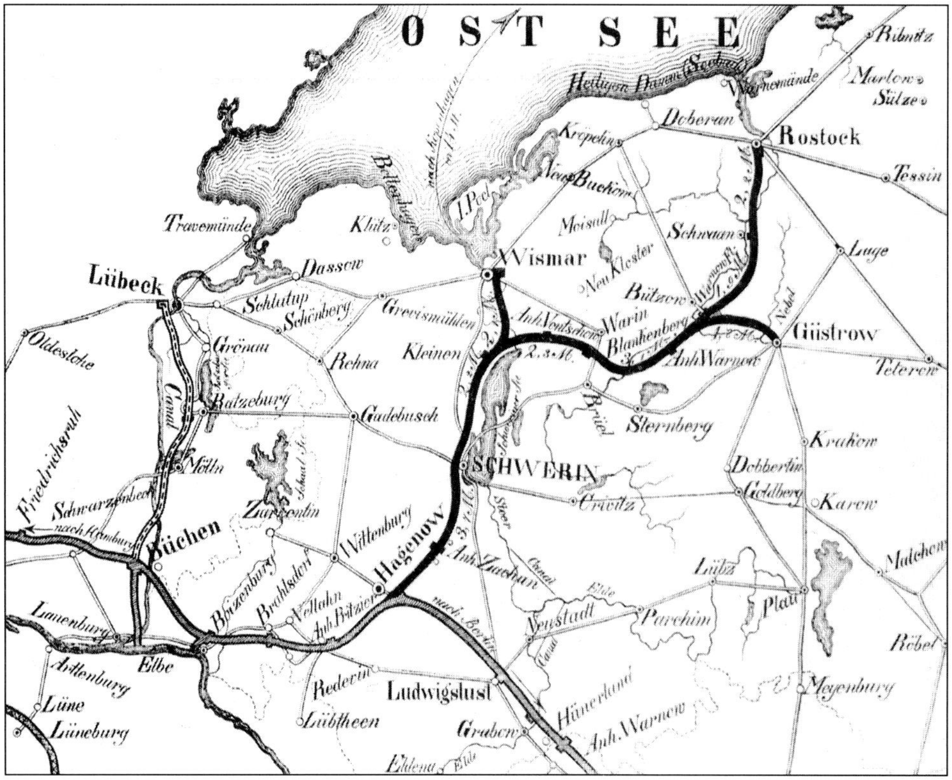

Das Streckennetz der Mecklenburgischen Eisenbahn 1860. Quelle: Jahresbericht.

Abb: Slg. Schultz

Rostock mit einem Abzweig von Bützow nach Güstrow. Von finanziellen Schwierigkeiten blieb auch dieser Bahnbau nicht verschont, aber es gelang mit dem 13. Mai 1850 die neue Bahnstrecke für den öffentlichen Verkehr freizugeben. Das war ein gewaltiger Meilenstein der wirtschaftlichen Entwicklung im Lande.

In Rostock gab es zur damaligen Zeit Mühlen, Brauereien, Schiffswerften, holzverarbeitende Industrien, Lagerhäuser und viele, viele Fuhrunternehmer. Weiterhin waren 260 Schiffe, Barken, Briggs und Schoner in Rostock beheimatet; das war die größte beheimatete Flotte in einer Stadt im Ostseeraum. Die Einwohnerzahl wird zu Beginn des 19. Jahrhundert mit rund 19.000 angegeben. Die geistige Entwicklung in der Stadt Rostock wird wesentlich durch das Wirken der Universität beeinflusst. Mit der Bildung ist manch guter Geist in die Geschichte eingegangen. Politisch war Rostock seit der Hansezeit von der Schweriner Vorherrschaft nur bedingt abhängig, es gab relativen Freiraum für die eigene Bestimmung im gesellschaftlichen Prozess. Das stellte ebenfalls einen positiven Faktor für die regionale Dynamik des Fortschritts dar.

Die Eisenbahn kommt nach Mecklenburg

Die erste Eisenbahn in Mecklenburg war ein Teilstück der Berlin-Hamburger Eisenbahn und entstand im Jahre 1846. Mecklenburg beteiligte sich mit einem Betrag von 1.500.000 Talern in Aktien am Bahnbau und erreichte damit, dass die Bahngesellschaft ihre Strecke nicht am rechten Elbufer, sondern in der bekannten Linienführung über Ludwigslust–Hagenow errichtete. Der Bau dieser Bahnlinie wurde zum Anlass für die Gründung eines Eisenbahnkomitees, welches die Errichtung einer Bahnlinie von Hagenow nach Schwerin zum Ziel hatte. Die anschließende Fortführung des Eisenbahnbaus zu den Wirtschaftszentren Wismar, Rostock und Güstrow war eigentlich nur eine Frage der Organisation in punkto zeitlichem Ablauf und der Geldbeschaffung. Die amtliche Bahnbaugenehmigung, auf einzelne Projekte bezogen, verzögerte sich durch laufend eingebrachte Bedenken in das Parlament. Die Schwerin-Rostocker Eisenbahngesellschaft konnte ihren Baufortschritt so gestalten, dass endlich am 13. Mai 1850 der reguläre Betrieb aufgenommen werden konnte. Nun war Rostock an das im Entstehen begriffene deutsche Eisenbahnnetz angeschlossen.

Dieses architektonisch reich ausgestattete Gebäude stellt den Friedrich-Franz-Bahnhof nach seiner Fertigstellung dar. Im Bild rechts ist der durchfahrbare Güterschuppen mit einem eingepflasterten freien Ladegleis und im Hintergrund der Lok der erste Lokschuppen dargestellt. Die Darstellung soll um 1855 entstanden sein.
Repro: Slg. Schultz

Diese Strecke zweigte aus Kostengründen aus der Wismarer Strecke beim Dorf (Bad) Kleinen ab und wurde ebenfalls als Vollbahn, wie man damals Hauptbahnen bezeichnete, errichtet und betrieben. Diese Rostocker Strecke erhielt in Bützow einen Abzweig nach Güstrow, der am gleichen Tag dem Verkehr übergeben wurde.

Der Streckenbau nach Rostock durch welliges, mit Höhenzügen und Seen bestandenes Land, erforderte keine besonderen Bauten in der Ausführung, da die Ingenieure die Trasse den topografischen Verhältnissen anpassten. Nach dem Überqueren der Wasserscheide zwischen Nord- und Ostsee bei Friedrichswalde folgt die Trasse dem Flusslauf der Warnow, die zweimal – bei Eickhof und bei Schwaan – überbrückt werden musste.

Der Rostocker Bahnhof erhielt den Namen des Förderers des mecklenburgischen Eisenbahnwesens, (Großherzog) Friedrich Franz II., und blieb bis 1886 konkurrenzlos das »Tor zur Welt« auf dem Landwege.

1878 wurde die überregionale Dampfschifffahrts- und Aktiengesellschaft »Deutsch-Nordischer Lloyd«gegründet, die eine Verbindung von der Reichshauptstadt Berlin zu den skandinavischen Ländern zum Ziel hatte. In die Überlegungen zum Eisenbahnbau an die Ostseeküste wurden auch lokale Interessen eingebunden. Der Landweg dieser Verbindung führte von Neustrelitz an der Berliner Nordbahn (nach Stralsund) über Waren und Laage nach Rostock und weiter bis Warnemünde. Der Seeweg wurde von hier aus mit Postdampfern bedient. Diese Bahn wurde 1883 konzessioniert und am 01. Juni 1886 in Betrieb genommen. In Warnemünde war die Bahnhofsanlage noch nicht fertig, erst zum 01. Juli 1886 konnte das Reststück in Betrieb genommen werden. Diese Bahnstrecke ging in die Geschichte als »Lloyd-Bahn« ein, die auch heute nichts von ihrer ursprünglichen Bedeutung verloren hat. Ein starker Rückgang an Fahrgastaufkommen und im Güterverkehr der letzten Jahre macht diesen Anspruch allerdings streitig.

Die Mitnutzung des Friedrich-Franz-Bahnhofes schied für diese Bahngesellschaft aus rechtlichen und lagebedingten Gründen aus. So entstand südlich der Stadtgrenze der neue Lloyd-Bahnhof. Von Kavelstorf kommend überquerte die Bahn die Warnow bei dem Dorf Niex und musste in Rostock so geführt werden, dass die Weiterführung nach Warnemünde möglich war und im Einklang mit der Wismarer Strecke stand. Die Verbindung zwischen beiden Rostocker Bahnhöfen stellte das Streckengleis der Wismarer Bahn und in die Stadt die Pferdebahn her.

Die Lloyd-Bahn errichtete ihren Verwaltungssitz in Rostock am Bahnhofsvorplatz (später Reichsbahnamt), dem heutigen Konrad-Adenauer-Platz.

Der Bau der Strecke Schwerin–Rostock

Bei der Festlegung der Trasse nach Rostock und Wismar wurde das Gutachten von Baurat Neuhaus herangezogen. Darin war bereits die Festlegung getroffen, die Abzweigung nach Rostock nicht direkt von Schwerin, sondern weiter nördlich bei Rampe oder Kleinen zu gestalten. Der Weg über Rampe hätte die Strecke nach Rostock merklich verkürzt, jedoch eine Dammaufschüttung im Schweriner See erfordert. Die Abzweigung ab Kleinen hatte den Vorteil, die Trasse Schwerin–Kleinen nutzen zu können, die wegen der Strecke Kleinen–Wismar angelegt werden musste. Man erwartete auch geringere Unterhaltungskosten auf dieser Linie. Am 30.06.1846 wurde die Strecke Schwerin–Kleinen mit dortiger Abzweigung nach Wismar und Rostock bzw. Güstrow festgelegt. Im Laufe des Jahres 1846 wurden die Erdarbeiten und Brückenbauten auf fast allen Punkten in Angriff genommen. Die Bauarbeiten machten rasche Fortschritte, es gab aber auch einige Schwierigkeiten bei der Materialbeschaffung, besonders bei Ziegelsteinen. Deswegen wurde ein Kontrakt mit einem Unternehmer abgeschlossen, der eine Ziegelei in Schwaan errichtete, die ausschließlich für den Bedarf der Eisenbahngesellschaft produzierte. Nach Abschluss der Bauarbeiten hat die Stadt Schwaan diese Ziegelei 1852 für ihre Zwecke erworben. Es wurden auch 1846 große Bestellungen für Schienen, Schwellen, Schienenstühle, Lokomotiven, Transportwagen und Maschinerien aufgegeben. Daher war es 1847 notwendig, neue Kapitaleinforderungen zu tätigen. Am 01.05.1847 wurde die Strecke Hagenow–Schwerin mit Anschluss an die Berlin-Hamburger Bahn eröffnet. Die Gesellschaft befand sich nun in Geldschwierigkeiten. Außerdem stellte man fest, dass der Bau Mehrkosten von 1,8 Mio Thalern erfordern würde. Der Großherzog übernahm die Bürgschaft für eine weitere Anleihe von 225.000 Thalern, um die Gesellschaft zu unterstützen. Auf der notwendigen Gesellschafterversammlung schlug Baurat Neuhaus vor, zunächst vereinfacht weiter zu bauen. Auch der Landtag nahm sich dieser Situation an, indem er staatliche Mittel von 35.000 Thalern je Meile zusichern wollte. Aber die Stände lehnten dies nach mehrmaliger Vorlage ab. Daraufhin übernahm der Großherzog auf eigene Rechnung 600.000 Thaler, die er als Prioritätsanleihe zeichnete. Die Strecke nach Wismar konnte bereits am 12.07.1848 in Betrieb genommen werden. Am 09.02.1849 beantragte ein Ausschuss der Abgeordnetenkammer beider Mecklenburgs eine Staatshilfe von 1,5 Mio. Thalern, um die Eisenbahn nach Rostock fertig zu stellen. Nach kurzer Diskussion in der Abgeordnetenkammer wurde der Beschluss zur Annahme gefasst und am 26.02.1849 der Landesregierung übermittelt. Leider konnte die Großherzogliche Regierung die Summe von 1,5 Mio Thalern nicht beschaffen, da auf dem Geldmarkt die Summe bei vorgeschriebenen 4% Zinsen nicht verfügbar war. Die Gesellschaft legte nun selbst eine Prioritätsanleihe mit 4,5% Zinsen und 0,5% Amortisation auf. Von dieser Anleihe übernahm die Regierung 700.000 Thaler. Sie stellte allerdings folgende Bedingungen:

a) Die Regierung kann jederzeit die Geschäftsführung kontrollieren.
b) Sollte die Zahlung von Zinsen bzw. Amortisation nicht termingemäß erfolgen bzw. die Bahn mit allem Zubehör nicht in gutem Zustand unterhalten werden, so übernimmt die Regierung die Verwaltung der Gesellschaft auf deren Kosten. Sollte zwei Jahre hindurch die Zahlung nicht vollständig erfolgen können, hat die Regierung das Recht, die Bahn zum öffentlichen Verkauf zu bringen. Würde kein Käufer gefunden, fällt die Bahn der Regierung zu.
c) Zur Aufsicht ist ein Regierungskommissar zu bestellen, der die richtige Verwendung der Gelder kontrolliert.
d) Der Sitz der Direktion wird Schwerin.
e) Die Organisation der Gesellschaft und deren Verwaltung ist zu vereinfachen.
f) Fahrplan und Tarif ist von der Genehmigung der Regierung abhängig.
g) Das Verhältnis der Großherzoglichen Postverwaltung zur Mecklenburgischen Eisenbahn ist gleichartig der Beziehung zwischen Großherzoglicher Postverwaltung zur Berlin-Hamburger Eisenbahngesellschaft.

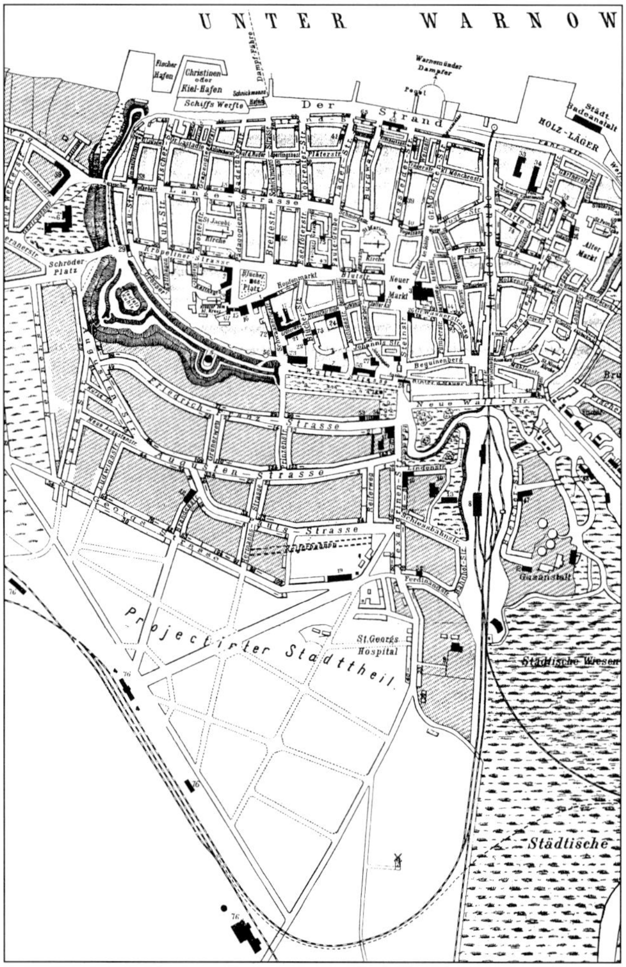

Auf diesem Stadtplanauszug ist die Lage der Rostocker Bahnhöfe zum Stadtgebiet anschaulich dargestellt. Er stellt die Situation von 1890 dar.
Abb: Slg. Schultz

Somit war die Fertigstellung der Bahn gesichert. Dies hätte frühzeitiger geschehen können, wenn die Stände sich stets zugunsten des Unternehmens eingesetzt hätten. Per 29.06.1849 wurde als Staatskommissar der Amtmann Dr. Meyer eingesetzt. Die Bauarbeiten wurden sofort wieder aufgenommen und so konnte am 13.05.1850 der Gesamtbetrieb der Gesellschaft in Dienst gehen.

Als die Bahnlinie Schwerin–Rostock konzipiert wurde, machte sich die Gesellschaft Gedanken über den Standort des Rostocker Bahnhofs mit seinen Anlagen. Es sollte ein zentraler Ort sein, um für die Reisenden lange Wege in die Stadt zu vermeiden und die Güter günstig von und zur Bahn zu schaffen. Man fand einen Platz östlich der Steintor-Vorstadt und zwar zwischen Kamp und den Bleicherwiesen vor dem Kuhtor. Auf dem Kamp befand sich zu dieser Zeit ein Rosengarten, an dessen Südseite sieben Linden standen, die der entstehenden Straße den Namen Lindenstraße einbrachte. Typisch für diese Gegend waren Gärten, Wiesen, Richtstätten, Hospitäler und Herbergen. Am 7.3.1845 schlossen die Eisenbahngesellschaft und der Rat der Stadt einen Vertrag mit der Maßgabe, dass die Stadt der Gesellschaft städtischen Grund kostenlos überlasse. Zum Bau der Eisenbahnanlagen mussten das Scharfrichtergehöft, der Turnplatz, der Schießplatz und das städtische Krankenhaus abgebrochen werden. Für das Riedelsche Grundstück mussten allerdings 4800 Thaler gezahlt werden. Seit 1846 gab es Verhandlungen zwecks Übernahme privater Grundstücke. Das Gelände war an sich feucht und moorig. Später wurde deshalb auch ein Steindamm von der Lindenstraße aus zur Bleicherstraße angelegt. Heute ist der Damm nicht mehr vorhanden. Das Bahnhofsgebäude wurde erst 1853 in Betrieb genommen, obwohl der Bahnbetrieb schon seit 12.5.1850 lief. Der Rat der Stadt beschloss, den Bahnhof nach dem damals regierenden Großherzog Friedrich Franz II. zu benennen. So erhielt der Bahnhof seinen Namen und wird auch heute noch als Friedrich-Franz-Bahnhof bezeichnet.

Der Bahnbau neigte sich dem Ende zu, als die Direktion der Mecklenburgischen Eisenbahngesellschaft in der Rostocker Zeitung am Freitag, dem 05.04.1850, den ab 13.05.1850 vorgesehenen Fahrplan abdrucken ließ. Prompt erfolgte in gleicher Zeitung ein Beitrag, der sich mit der Unmöglichkeit dieses Fahrplanes auseinandersetzte. Ungenügend sei z.B. die Verbindung nach Hamburg. Der vorgesehene erste Zug käme erst gegen Mittag in Hamburg an. Dort hätte man 1,5 Stunden für seine Geschäfte Zeit und müsse dann die Rückfahrt antreten, wenn man am selben Abend wieder in Rostock sein wolle. Die Börsennachrichten würden erst abends in Rostock eintreffen, müssten sofort bearbeitet werden, aber die Antwort liege dann am nächsten Tag erst nach Börsenschluss in Hamburg vor. Noch sei aber Zeit zu Änderungen, und der Redakteur dachte selbst an eine Abfahrt morgens 04.00 Uhr von Rostock. Am 11.04.1850 suchte die Eisenbahngesellschaft per Annonce einen Fuhrunternehmer, welcher bereit sei, die per Zug ein- und ausgehenden Frachten in Rostock auszufahren. Am 13.04.1850 ging die öffentliche Fahrplandiskussion weiter. Hier wurde nun festgestellt, dass die Rostocker Kaufleute mit dem Fahrplan für die unmittelbaren Geschäfte innerhalb Mecklenburgs eigentlich zufrieden sein müssten. Am 14.04.1850 ging die Diskussion weiter, worin eine frühe Abfahrt für die Fernreisenden günstig beurteilt wurde; der Fahrplan insgesamt sei aber nicht vorteilhaft für Vergnügungsreisende nach Rostock. Eine Woche später veröffentlichte die Rostocker Zeitung einen »Gegenfahrplan«. Bereits am 28.04.1850 wurde moniert, dass der »Gegenfahrplan« wohl nicht von einem Fachmann (woher auch) erstellt worden sei, denn man habe außer Acht gelassen, dass die Strecke eingleisig sei und Zugkreuzungen nur auf den Stationen möglich seien. Nun melden sich auch Rostocker Restaurateure zu Wort, denn am 04.05.1850 lässt der Besitzer des wohlrenommierten Gasthofes »Zur Sonne« folgende Anzeige in der Rostocker Zeitung einsetzen:

»Zur nahe bevorstehenden Eröffnung der Rostock–Schweriner Eisenbahn erlaube ich mir, meinen Gasthof »Zur Sonne« am Neuen Markt dem reisenden Publicum in gütige Erinnerung zu bringen. Nach Ankunft des jedesmaligen Eisenbahnzuges wird mein Omnibus am Bahnhof zur Aufnahme der Reisenden bereitstehen. C.Hayden«

In den folgenden Tagen erschienen in der gleichen Zeitung weitere Annoncen von größeren Wirtshäusern, die auf die Bahneröffnung hinwiesen und zu Festessen einluden. Die

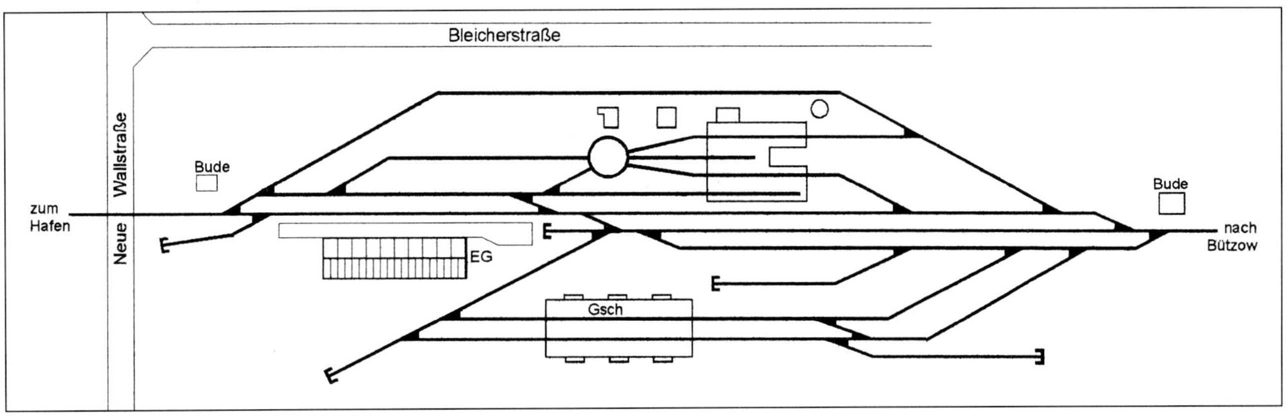

Der Gleisplan veranschaulicht die bescheiden ausgebildeten Gleisanlagen des Bahnhofes zur Entstehungzeit. Das Gleisbild änderte sich nach 1880 mit der Einführung neuer Strecken gewaltig.
Zeichnung: Wilhelm

Restaurateure in Schwaan und Güstrow schlossen sich diesem Vorgehen an. Die Tiedemannsche Hofdruckerei in Rostock offerierte einen gedruckten Fahrplan mit Tarif und Eisenbahnkarte zum Preis von 6 Schilling. Weiterhin hatte sie eine Sammlung von 96 Eisenbahnfrachtbriefen zum Preis von 16 Schilling im Angebot. Die Dampfschiffe »Friedrich Franz« und »Minister von Lützow« zeigten an, dass sie am 12.05.1850 um 13.00 Uhr abfahren und um 18.00 Uhr zur Abfahrt des Sonderzuges wieder in Rostock anlegen. Der Fähranleger befand sich nahe dem Mönchentor, in direkter Verlängerung der Mönchenstraße, im Stadthafen. Am 12.05.1850 wurde der offizielle Fahrplan der Mecklenburgerischen Eisenbahngesellschaft im Rostocker Anzeiger veröffentlicht.

Am 13.5.1850 gab es wieder einmal Erregung im Rostocker Anzeiger, denn für die 48 Abgeordneten der Stadt hatte die Eisenbahngesellschaft nur 6 Teilnehmerkarten für den Eröffnungszug überreichen lassen, wobei doch insgesamt 700 zur Verfügung gestanden haben sollen. Das Blatt sei der Meinung, dass alle 48 Abgeordneten eine Karte hätten erhalten müssen. Die Eröffnung der Eisenbahn nach Rostock am 13.5.1850 wird von demselben Blatt kommentiert:
»Die gestrige Eröffnungsfahrt unserer Eisenbahn ist glücklich vonstatten gegangen. Der von hier abgehende Zug, der aus 10 Personen- und 2 Güterwagen bestand, wurde durch die beiden Lokomotiven »Schwaan« und »Marschall Vorwärts« befördert. Die Beteiligung des hiesigen Publicums war nicht so groß, wie man sich der Wichtigkeit des Ereignisses erwarten dürfte, und außer einigen Fahnen auf dem Rathause und verschiedenen Privathäusern am Markte und in der Steinstraße, waren keine Festanstalten zu spüren. Ob die vielfach kundgetane Unzufriedenheit mit dem Fahrplane der Mecklenburgischen Bahnen, der Mißgriff der Direction bei der Einladung der Stadtverordneten oder was sonst den Grund dazu gegeben hat, wissen wir nicht, genug, eine gewisse Flauheit war nicht zu erkennen. Desto überraschender, desto erfreulicher war es für die zahlreichen Teilnehmer der Fahrt am Bahnhof zu Schwaan. Durch eine große, von Laubgewinden und Blumen sehr geschmackvoll contrurierte, mit dem Schwaaner und Rostocker Wappen, sowie mit Fahnen geschmückte Ehrenpforte unter rauschender Festmusik zu fahren und von einer großen Menschenmenge aus Schwaan und Umgebung herzlich bewillkomnet zu werden, um welche Festanstalten der Bürgermeister Hr. Gerichtsrat Ahrens sich besonders verdient gemacht hat, wofür demselben von allen Seiten die freundlichste Anerkennung ausgesprochen wurde. Auch auf dem Bützower Bahnhofe war ein zahlreiches Publicum versammelt. welches sich bis zur Ankunft des Schweriner Zuges von Güstrow noch beträchtlich vermehrte. Dieser Zug hatte 16 Personen- und 2 Güterwagen und wurde durch die beiden Lokomotiven »Bützow« und »Warnow« befördert. Die Rückfahrt war besonders interessant durch die Gruppe von Zuschauern, welche sich initiierst überall an der Bahn gesammelt

Mecklenburgische Eisenbahn.

Fahrplan vom 10. Mai 1851 bis auf Weiteres.

Tableau A. Fahrten in der Richtung von Rostock nach Hagenow mit den Anschlüssen nach und von Güstrow und Wismar.	Täglich. 1	Täglich. 2	Täglich. 3	An den Abgangstagen des Dampfschiffes von Wismar nach Copenhagen. 4
Abfahrt von Rostock		6°30' Mgs.	4° — Nach.	
Abfahrt von Schwaan		6°45'	4°15'	
Abfahrt von Güstrow		6° 50'	4° 25'	
Abfahrt von Bützow		7°15'	4°45'	
Ankunft in Güstrow		7° 55'	5° 30'	
Abfahrt von Blankenberg		8° —	5°30'	
Abfahrt von Wismar		8° —	5° 30'	3° 10' Nach.
Abfahrt von Kleinen		8°30'	6° —	3°30'
Ankunft in Wismar		9° 30'	6° 45'	
Ankunft in Schwerin				4°30'
Abfahrt von Schwerin	6° — Mgs.	9°15'	6°45'	
Ankunft in Hagenow	6°50'	10°10'	8° —	
Die vorstehenden Züge schließen sich den Zügen auf der Berlin-Hamburger Eisenbahn in der Art an, daß man ankommt:				
In Ludwigslust		10°45' Nach.	8°15' Abds.	
In Wittenberge		12°30'	11°30'	
In Berlin		4°30'		
In Boitzenburg	8° — Mgs.	1°15'		
In Hamburg	10°30'	3°45'		

Tableau B. Fahrten in der Richtung von Hagenow nach Rostock mit den Anschlüssen nach und von Wismar und Güstrow.	Täglich mit Ausnahme der Abgangstage des Dampfschiffes von Wismar nach Copenhagen, an welchen die Fahrten in Spalte 2 fortfallen und dafür die Fahrten in Spalte 4 und 5 an die Stelle treten. 1	2	3	An den Abgangstagen des Dampfschiffes von Wismar nach Copenhagen anstatt der Fahrten in Spalte 2. 4	5
Abfahrt von Hagenow	7°30' Mgs.	12°50' Nach.	8°15' Abds.	12°50' Nach.	
Ankunft in Schwerin		1°40'	9° 5'		
Abfahrt von Schwerin	8°15'	3°15'		1°45'	3°15' Nach.
Abfahrt von Wismar	8° —	3° 10'			3° 10'
Abfahrt von Kleinen	8°45'	3°45'		2° 15'	3°45'
Ankunft in Wismar	9° 30'	4° 30'		2° 50'	6° 45'
Abfahrt von Blankenberg	9°15'	4°15'			4°15'
Abfahrt von Güstrow	9° 40'	4° 25'			4° 25'
Abfahrt von Bützow	10° —	4°50'			4°50'
Ankunft in Güstrow	10° 50'	5° 30'			5° 30'
Abfahrt von Schwaan	10°30'	5°20'			5°20'
Ankunft in Rostock	11° 5'	6° —			6°
Den vorstehenden Zügen schließen sich die Züge auf der Berlin-Hamburger Eisenbahn in der Art an, daß man abfahren muß:					
Von Berlin		7°30' Mgs.		7° 30' Morgens.	
Von Wittenberge	5°15' Mgs.	11° —		11° —	
Von Ludwigslust	6°30'	12° —		12° — Mittags.	
Von Hamburg		7°30'	5° — Nach.	7° 30' Morgens.	
Von Boitzenburg		9°15'	7° 15	9° 15'	

Mit den Erfahrungen des ersten Betriebsjahres entstand der Fahrplan für 1851. Aufgeführt sind auch die Anschlussverbindungen der Mecklenburgischen Eisenbahn.
Abb: Slg. Schultz

hatten. Auch auf dem hiesigen Bahnhofe und dessen Umgebungen fanden die zurückkehrenden Züge eine größere Menschenmenge vor, als beim Abgange. Allenthalben herrschte eine beste Ordnung und Fahrgäste wie Zuschauer fügten sich bereitwillig den mit großer Umsicht von der Bahnverwaltung getroffenen Anordnungen. Die Mehrzahl der Teilnehmer an der Fahrt, liebe Gäste aus Hamburg, Schwerin, Wismar, Güstrow, Bützow und Schwaan, vereinigte mit ihren hiesigen Freunden ein Festmahl im Hotel de Russie von nahe 200 Personen. Die ungezwungene Heiterkeit und lebhafte Unterhaltung der Tischgenossen schien niemanden zu einer Fest-, Bau- oder sonstigen Zweckrede Luft zu machen und es verblieb bei folgenden kurz gefaßten Toasten »dem Großherzog, dem Beförderer des Unternehmens« ausgebracht von Bürgermeister Mann – Schwerin, »dem Flor der Mecklenburgischen Eisenbahnen« von Bürgermeister Bencard – Rostock »dem Baumeister« Arndt von Parish-Gottin, »dem Syndicus Dr.Bolten« von Kämmerer, Hamburg, »den Gästen« von Bolten, »Dank den Rostockern« von Dr. Knauth, Hamburg, »dem Wohle der Siebenstadt Rostock« von Bürgermeister Strempel, Schwerin und endlich »den Actionären, diesen guthmütigen Leuten« von Senator Schultz, Wismar. Bald nach 6 Uhr begab sich die Gesellschaft zum Bahnhofe, die Fremden stiegen in die Waggons, man trennte sich mit der Versicherung baldigen, jetzt so leicht und bequem herbeizuführenden Wiedersehens, ein gellender Pfiff und – fort gings mit dem schnaubenden Dampfroß. Möge es des Landes, möge es Rostocks Wohlfahrt fördern, möge der 12.Mai 1850 ein Tag des Segens werden für uns und die kommenden Geschlechter.«
Soweit der Rostocker Anzeiger.

Doch ganz so glücklich begann der Betrieb nicht. So hatte der am 13.5. abends um 6 H 06 M einzutreffende Zug eine Verspätung von 29 Minuten, welche mit fehlender Erfahrung begründet wurde.

Die Gesellschaft rechnete zunächst nicht mit einem umfangreichen Verkehr, so dass sie in jeder Richtung Rostock–Hagenow und zurück nur 2 »combinierte Personengüterzüge« kursieren ließ. Dadurch bedingt, mussten nach Wismar bzw. Güstrow täglich 3 Züge fahren. Da die Bahn hauptsächlich eine Zweigbahn der Berlin-Hamburger Bahn darstellte, war es insgesamt schwierig, eine Erfüllung sowohl der inneren als auch der äußeren Verkehrsverhältnisse zu erreichen. Letztlich musste man entscheiden und entschied sich für die innerverkehrlichen Belange des Landes. Negative Auswirkungen hatte dies auf die Passagiere, die längere Zeit in Hagenow auf die Anschlusszüge Richtung Hamburg bzw. Berlin warten mussten. Die Gesellschaft hatte versucht, dies durch einen weiteren Zug Schwerin–Hagenow zu kompensieren, musste wegen der hohen Kosten diesen Zug aber wieder aussetzen. Durch die kombinierten Züge gab es auch Probleme in der Güterbeförderung. Aber die geringe Transportmenge lohnte bisher nicht, reine Güterzüge einzusetzen. Doch bereits nach einem Betriebsjahr musste man sich entschließen, dreimal wöchentlich morgens einen Güterzug von Schwerin nach Rostock und abends zurück zu fahren. Die Gesellschaft versprach sich davon eine schnellere und besser geregelte Beförderung der Güter.

Betriebsmittel

Zum Ende des 1. Betriebsjahres der voll ausgebauten Strecke schätzte die Bahngesellschaft die vorhandenen Betriebsmittel wie folgt ein:
»Die vorhandenen Personenwagen reichen für die gewöhnlichen Verhältnisse aus. Bei außergewöhnlichen Ereignissen wird es jedoch erforderlich, mehrere Wagen von der Nachbarbahn auszuleihen. In den eigenen Wagen sind insgesamt 1.296 Sitzplätze vorhanden. Die bedeckten Güterwagen, die hauptsächlich für den durchgehenden Verkehr benutzt werden, haben bisher ausgereicht. An offenen Güterwagen hat sich dagegen schon öfter Mangel herausgestellt und somit wären Neuanschaffungen wünschenswert. Die Zahl der Lokomotiven war im letzten Halbjahr wohl ausreichend, da aber zukünftig auch reine Güterzüge eingesetzt werden müßten, war die Anzahl nun nicht mehr ausreichend. Aus diesem Grunde mußte bereits die Anschaffung von 2 neuen Gütermaschinen getätigt werden. Diese Maschinen sind von der Firma Borsig aus Berlin bereits ausgeliefert worden.«

Betriebsergebnisse

Passagiere von und nach Rostock im Jahre 1850

nach Hagenow	628	von Hagenow	516
nach Hagenow m.Überg.	3.473	von Hagenow m.Überg.	2.965
nach Schwaan	5.858	von Schwaan	5.975
nach Güstrow	6.485	von Güstrow	6.541
nach Bützow	3.281	von Bützow	3.449
nach Blankenberg	1.015	von Blankenberg	998
nach Wismar	1.685	von Wismar	1.801
nach Kleinen	183	von Kleinen	226
nach Schwerin	3.938	von Schwerin	4.057
Gesamt:	26.546		26.528

Diese Ergebnisse hätten besser sein können, doch eine im Sommer 1850 in Mecklenburg herrschende Choleraepidemie beeinträchtigte den Reiseverkehr merklich.

Frachtverkehr von und nach Rostock

nach Hagenow	1.356,1 Ztr.	von Hagenow	2.992,9 Ztr.
nach Hagenow m.Überg.	14.140,1 Ztr.	von Hagenow m.Überg.	23.459,7 Ztr.
nach Schwerin	1.646,1 Ztr.	von Schwerin	2.968,9 Ztr.
nach Güstrow	6.840,7 Ztr.	von Güstrow	22.512,8 Ztr.
nach Bützow	1.960,2 Ztr.	von Bützow	13.233,4 Ztr.
nach Blankenberg	2.897,5 Ztr.	von Blankenberg	8.836,6 Ztr.
nach Wismar	7.029,2 Ztr.	von Wismar	13.303,8 Ztr.
nach Kleinen	64,3 Ztr.	von Kleinen	1.742,4 Ztr.
nach Schwerin	5.811,1 Ztr.	von Schwerin	3.701,8 Ztr.
	41.745,3 Ztr.		92.752,3 Ztr.

Tarife

Die Mecklenburgische Eisenbahngesellschaft führte mit Eröffnung des Betriebes ab 01.05.1847 folgenden Tarif ein:

pro Meile (7,5325 km)		
I. Klasse	10 Schillinge	
II. Klasse	7 Schillinge	
III. Klasse	4 Schillinge	

1850 wurde der Tarif in der III. Klasse auf 5 Schilling erhöht. Daraus ergab sich für Fahrten von Rostock aus folgender Tarif:

nach Schwaan			
	I. Klasse		20 Schillinge
	II. Klasse		14 Schillinge
	III. Klasse		10 Schillinge
nach Güstrow			
	I. Klasse	1 Thaler	8 Schillinge
	II. Klasse		40 Schillinge
	III. Klasse		28 Schillinge
nach Bützow			
	I. Klasse		40 Schillinge
	II. Klasse		28 Schillinge
	III. Klasse		20 Schillinge
nach Blankenberg			
	I. Klasse	1 Thaler	20 Schillinge
	II. Klasse	1 Thaler	
	III. Klasse		24 Schillinge
nach Wismar			
	I. Klasse	2 Thaler	
	II. Klasse	1 Thaler	20 Schillinge
	III. Klasse	1 Thaler	
nach Kleinen			
	I. Klasse	1 Thaler	44 Schillinge
	II. Klasse	1 Thaler	16 Schillinge
	III. Klasse		46 Schillinge
nach Schwerin			
	I. Klasse	2 Thaler	4 Schillinge
	II. Klasse	1 Thaler	22 Schillinge
	III. Klasse	1 Thaler	2 Schillinge
nach Hagenow			
	I. Klasse	2 Thaler	44 Schillinge
	II. Klasse	2 Thaler	2 Schillinge
	III. Klasse	1 Thaler	22 Schillinge

(Mecklenburgisch Courant 1 Thaler = 48 Schillinge, 1 Thaler = 3 Mark)

2. Rostock wird Eisenbahnknoten

Neue Strecken entstehen

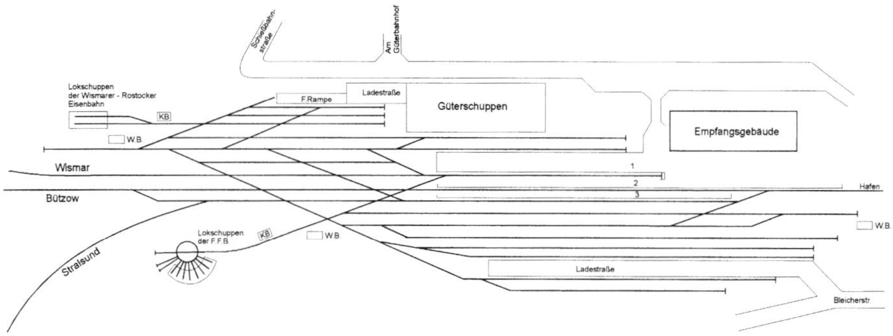

Nach Einführung der Wismarer Strecke 1883 und der Stralsunder Strecke 1889 zeigte sich der Gleisplan des Friedrich-Franz-Bahnhofes mit dem neuen Lokschuppen in dieser Gestalt, der einen regen Betrieb vermuten läßt.
Zeichnung: Wilhelm

Die politische Situation der Seestädte Wismar und Rostock mit ihrer Stellung im Land begründete auch ihre untereinander konkurrierende Stellung. So ist der erstmals 1856 in Erwägung gezogene Bau einer städteverbindenden Eisenbahn nicht vorangebracht worden. Das wirtschaftliche Hinterland der beiden Städte orientierte sich an den über Jahrhunderte gewachsenen Beziehungen und Abgrenzungen, die neue Zeit setzte sich schwer durch. Auch das Land Mecklenburg brachte über seine Regierung in Schwerin hier keine Initiativen ein. Auf privater Basis bildete sich endlich 1881 eine Aktiengesellschaft, die diese Strecke über die Kleinstädte Doberan (Sommerresidenz des Großherzogs), Kröpelin und Neubukow als lokale oder Secundäreisenbahn zur Ausführung brachte. Die Strecke konnte am 27.7.1883 bis Doberan und ab 22.12.1883 bis Wismar dem Verkehr übergeben werden.

Die nächst entstehende Eisenbahn sollte überregionale Bedeutung erlangen. Sie hatte auch eine politische Zielstellung zu erfüllen: Engere Verbindung der Regierung des Deutschen Kaiserreiches mit der Regierung des Dänischen Königreiches und der Völker gleichermaßen.

Es bildete sich 1882 eine Gesellschaft unter Beteiligung der »Societé Belge des Chemins de fer« (Brüssel), die sich am 10.06.1883 den Namen »Deutsch-Nordischer Lloyd, Eisenbahn- und Dampfschifffahrtsgesellschaft« mit Sitz in Rostock gab. Diese erhielt am 23.06.1883 von Mecklenburg-Schwerin und am 02.08.1883 von Mecklenburg-Strelitz die Konzession zum Bau und Betrieb einer Eisenbahnstrecke von Neustrelitz an der Nordbahn (nach Stralsund) nach Rostock und Warnemünde mit Einrichtung einer regelmäßigen Dampfschiffsverbindung zu einem skandinavischen Hafen. Das Aktienkapital betrug 15 Millionen Mark, davon 6 Millionen Mark in 4%igen Obligationen. Die Bauvorbereitungen waren bis Februar 1884 soweit gediehen, dass der Bau vor Ort beginnen konnte. Da keine Bauverzögerungen auftraten, konnte die 125,4 km lange Strecke am 01. Juni 1886 bis Rostock eröffnet werden. In Warnemünde waren die Bauarbeiten noch nicht abgeschlossen, so dass der Verkehr nach hier erst am 01.07.1886 aufgenommen werden konnte. Die Reisezeit zwischen Berlin und Kopenhagen verkürzte sich von 17 auf 12 Stunden. Die Reisekosten sanken um 30%.

Diese Linie ist in ihrer Gesamtheit auf Durchgangsverkehr ausgelegt worden. Eine ertragreiche Zukunft wurde prognostiziert. Der Geschäftsreiseverkehr, der aufkommende Touristenverkehr und reichlich Güterverkehr bescherten der Bahn tatsächlich eine gesicherte Zukunft.

Diese Bahngesellschaft beschaffte zur Betriebsführung per 1.07.1886 folgende Fahrzeuge:

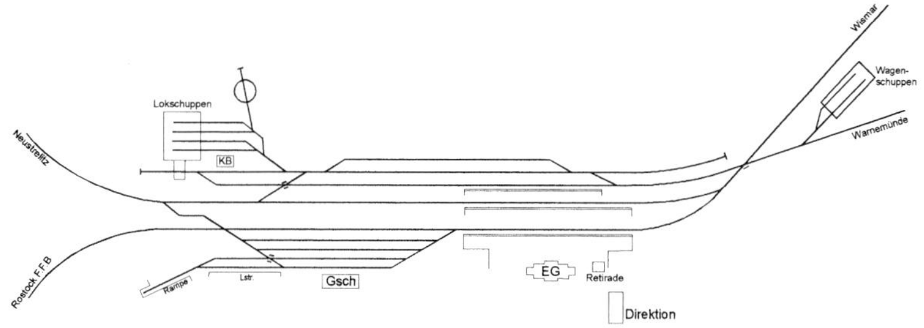

Die erste Ausbaustufe des Lloyd-Bahnhofes 1886.
Zeichnung: Wilhelm

6	Schlepptenderlok , B- gekuppelt, nach preußischen Normalien
4	Tenderlok, B- gekuppelt, für Lokalzüge, nach preußischen Normalien
12	Reisewagen, 2-achsig, für 1./2. Klasse
10	Reisewagen, 2-achsig, 3. Klasse, ohne Bremse
7	Reisewagen, 2-achsig, 3. Klasse, mit Bremse
4	kombinierte Wagen 4. Klasse mit Gepäckabteil, 2-achsig
4	Gepäckwagen, 2-achsig
40	bedeckte Güterwagen ohne Bremse
10	bedeckte Güterwagen mit Bremse
	Alle Güterwagen nach
11	offene Wagen mit Bremse
	preußischer Einheitsbauart
20	offene Wagen ohne Bremse 2-achsig
5	Viehtransportwagen
4	Langholztransportwagen

Ihre Geschichte gestaltete sich auch wechselhaft, die Etappen sind:

1893	Verstaatlichung durch Aufkauf der Großherzoglichen Mecklenburgischen Eisenbahn-Direktion nach Urkunde vom 27.12.1893
1895	Verlagerung des durchgehenden Verkehrs von Laage über Güstrow
1896	Klassifizierung der Strecke Rostock–Laage–Lalendorf zur Nebenbahn
1910	Erhöhung der Fahrgeschwindigkeit auf der Hauptstrecke auf 90 km/h
1945	Demontage der Strecke von Neustrelitz bis Lalendorf
1960	eingleisiger Wiederaufbau der Strecke als Hafenabfuhrmagistrale
1960	Einführung des Städteschnellverkehrs, ab 1966 mit 120 km/h Geschwindigkeit
1975	zweigleisiger Ausbau der Strecke
1984	Beginn der Elektrifizierung der Gesamtstrecke
1994	rückläufige Bedeutung der Strecke im Güterverkehr durch geringeren Hafenumschlag
1995	Einstellung des Internationalen Reiseverkehrs
1999	Reduzierung des Interregio-Angebotes

Ein Verkehrszuwachs auf der Strecke wird sich wohl erst wieder einstellen, wenn die Fahrgeschwindigkeit der Strecke Rostock–Berlin auf 160 km/h erhöht worden ist und damit Wettbewerbsnachteile gegenüber dem Straßenverkehr ausgeglichen werden können.

Das östliche Gebiet von Rostock war eisenbahnseitig noch nicht erschlossen. Dabei gab es durchaus Bestrebungen, eine Strecke nach Ribnitz, der damaligen Grenzstadt zum preußischen Vorpommern, zu errichten. Aber der Senat von Rostock hielt sich bedeckt ob der angefragten Unterstützung, da man hierin keinen Nutzen sah. Letztendlich hat Preußen eine Bahnlinie Stralsund–Rostock als Hauptbahn projektiert und wollte sie zur Ausführung bringen. Bei der notwendigen Mitwirkung Mecklenburgs ist im Ergebnis der staatlichen Verhandlungen eine auf lokale Interessen gründende Nebenbahn zwischen Ribnitz und Rostock Friedrich-Franz-Bahnhof entstanden. Der fahrplanmäßige Verkehr

Vor dem Umbau zum Güterbahnhof zeigt sich um die Jahrhundertwende der Friedrich-Franz-Bahnhof von der Bahnsteigseite als Hintergrundmotiv für die diensthabenden Eisenbahner.
Aufnahme: Archiv Schwerin

konnte hier am 01. Juli 1889 eröffnet werden. Von der Handschrift des preußischen Projektanten zeugen die Baustile der Bahnhofsbauten entlang der Strecke von Stralsund bis Bentwisch.

Im Kampf um den Fortschritt im Verkehr auf dem Lande galt es noch ein weiteres, fruchtbares Gebiet südöstlich von Rostock bis Sülze zu erschließen. Die Umsetzung dieses Streckenprojektes übernahm dann keine private Eisenbahngesellschaft mehr, sondern die 1890 gegründete »Mecklenburgische Friedrich-Franz-Bahn« (M.F.F.E.). Am 16. November 1895 ist die Tribseer Bahn in Betrieb genommen worden. Sie verband die Städte Tribsees (in Preußen), Sülze (in Mecklenburg) und über einen Abzweig von Sanitz, Tessin mit Rostock. Damit war der Grundstein für ein Oberzentrum im Eisenbahnwesen und der städtischen Entwicklung gelegt.

Um die Jahrhundertwende nahm das Badeleben an der Ostseeküste enorm zu. In Warnemünde zählte man 1905 rund 20.000 Badegäste. Für das Verkehrswesen hieß das, leistungsfähige Verbindungen zu den Badeorten zu schaffen. Neben dem zweigleisigen Ausbau der Strecke nach Warnemünde bis 1911 sollte 1912 auch eine Strecke durch die Rostocker Heide bis Rosenort geschaffen werden. Letzterer Plan zerschlug sich endgültig mit dem Beginn des Krieges 1914, weil keine militärische Bedeutung dahinter stand. Nach Kriegsende griff die 1919 gebildete Landesbahn die Pläne wieder auf. Doch die Zeiten hatten sich geändert, nun gab es wichtigere Vorhaben.

Während der Neuordnungsbestrebungen wurde 1920 die Deutsche Reichsbahn geschaffen, aber auch sie brachte für derartige Strecken kein Interesse auf. So ist wieder eine Privatinitiative ergriffen worden, eine Strecke zum Seeheilbad nach Graal-Müritz zu bauen. Diese lang ersehnte Strecke konnte am 01. Juli 1925, also noch zur Badesaison, ihren Verkehr aufnehmen.

Damit war das Schienenverkehrsnetz rund um Rostock entstanden und daran änderte sich im weiteren Verlauf der Geschichte nicht mehr viel – bis zum Bau der Hafenbahn ab 1958.

Zur Rostocker Eisenbahnfrage

Ab 1.3.1890 übernahm die neu gebildete M.F.F.E. die Strecken des »Deutsch-Nordischen Lloyd« in eigene Regie. Dies bedeutete für die M.F.F.E., zwei Bahnhöfe in Rostock zu betreiben. Beide Bahnhöfe hatten Güter- und Personenverkehr, was letztlich zu zunehmenden Betriebsschwierigkeiten führte. Der Friedrich-Franz-Bahnhof hatte täglich 57 Züge innerhalb von 18 Stunden abzufertigen. Ein zusätzlicher Vorbahnhof wurde als dritter Bahnhof in Rostock abgelehnt. Die M.F.F.E. beabsichtigte nun, den Lloyd-Bahnhof als Personenbahnhof und den Friedrich-Franz-Bahnhof als Güterbahnhof betreiben. In Rostock lösten diese Ankündigungen erregte Debatten aus und führten zur Rostocker »Bahnhofsfrage«. Am 29.05.1894 wurde durch Vertreter von Regierung und M.F.F.E. aus Schwerin mit Vertretern des Rates, der repräsentativen Bürgerschaft und Rostocker Gewerbe- und Handelsbetriebe eine Eisenbahnkonferenz abgehalten. Die Rostocker Seite war für die Verwendung des Lloyd-Bahnhofes für den Schnellzugverkehr. Der Friedrich-Franz-Bahnhof solle für den Verkehr mit den Mecklenburger Städten dienen. Die Schweriner Seite stellte die technische Unmöglichkeit heraus, den gemeinsamen Verkehr auf dem Friedrich-Franz-Bahnhof zu belassen. Die Entscheidung zur Trennung der Verkehre sei notwendig. Die Frage sei nur, welcher Bahnhof welchen Verkehr zu übernehmen habe. Die Rostocker Seite erklärte, dass man mit der Verlegung der Schnellzüge einverstanden sei, wenn keine Fahrpreiserhöhung und kein Zeitverlust von mehr als 5 Minuten eintreten würde. In der »Herberge zur Heimat« versammelten sich am 02.06.1894 Handels- und Gewerbetreibende aus der Alt- und Mittelstadt. In den Debatten wurde eine Schädigung für Gewerbetreibende, den Detailhandel und die Gasthöfe befürchtet, die Steuerkraft werde geschwächt und die Grundstücke würden entwertet, wenn der Friedrich-Franz-Bahnhof als Personenbahnhof ausfalle. Sieben Herren wurden als Kommission gewählt, die bei Beratungen und Diskussionen auftreten sollten. Am 05.06.1894 lud die Kommission Vertrauensmänner ein und forderte diese auf, der Kommission beizutreten. Gemeinsam arbeiteten sie eine Petition aus, die in einer öffentlichen Versammlung kundgetan werden sollte. Der Bürgerverein allerdings trat am 09.06.1894 für eine Verlegung des Personenverkehrs zum Lloyd-Bahnhof ein. Eine Versammlung im »Tivoli« trat am 20.6.1894 wieder für die Beibehaltung des Friedrich-Franz-Bahnhofes als Personenbahnhof ein. Am 23.6.1894 tagte eine weitere Versammlung von Interessenten in der »Tonhalle« zur Bahnhofsfrage. Man hatte hier die Probleme erkannt und trat für die Veränderung ein, um sowohl eine bessere Verbindung zu bekommen, als auch den internationalen Verkehr zu verbessern. Man befürchtete sogar, dass die Linie Saßnitz–Berlin von dem Streit profitieren könnte und die Stellung Rostocks gefährdet sei. Der Personenverkehr im Lloyd-Bahnhof diene der Stadt- und Landeswohlfahrt. Der Friedrich-Franz-Bahnhof eigne sich gut als Güterbahnhof, da ja die Grube die Speicherstraße sei. Es gäbe auch keinerlei Benachteiligung der Altstadt, die Grundstücke würden im Werte sogar steigen. Als Abschluss wurde die Regelung der Bahnhofsfrage dem Ermessen der Regierung bzw. der M.F.F.E. anheimgestellt. Eine Deputation ließ am 9.8.1894 eine Petition an das Großherzogliche Ministerium des Inneren und die Großherzogliche Generaldirektion der M.F.F.E. gehen mit der Bitte, den Friedrich-Franz-Bahnhof als Personenbahnhof zu belassen. Unterzeichnet ist diese Petition von 5785 Haushaltsvorständen Rostocks und Umgebung.

Der Landtag in Malchin verhandelte am 21.11.1894 über die anstehenden Eisenbahnprobleme und deren Lösung und Bezahlung. U.a. wurde über den Vorschlag diskutiert, den gesamten Personenverkehr auf dem Lloyd-Bahnhof und den Güterverkehr auf dem Friedrich-Franz-Bahnhof abzuwickeln. Dies wurde dann am Folgetag beschlossen.
Im »Rostocker Anzeiger« vom 13.8.1896 erscheint folgende Annonce:

Großherzogliche Mecklenburgische Friedrich-Franz-Eisenbahn

Vom 1.October d.J. erhält der bisherige Lloyd-Bahnhof die Benennung »Central-Bahnhof«. Der Centralbahnhof in Rostock wird dem gesamten Personenverkehr dienen. Ferner werden daselbst angenommen und abgeliefert die mit den Personenzügen zu befördernden Leichen, lebenden Tiere und Fahrzeuge, alle Eilgüter und eilgutmäßig zu befördernde Güter, Frachtgüter aber nur in soweit, als es sich um Ladungen von und nach dem städtischen Schlachthof oder um solche Ladungen handelt, welche von Lagerplätzen und Speichern am Centralbahnhof herrühren oder für dieselben bestimmt sind. Auf dem Friedrich-Franz-Bahnhof in Rostock findet vom 1.October d.J. eine Personenbeförderung und Gepäckbeförderung nur noch bei der Benutzung der Rostock-Stralsunder Bahnlinie statt.

Schwerin, 8.August 1896
Großherzogliche Generaldirektion

Der Bahnhofsvorplatz des Lloyd-Bahnhofes kurz vor der Jahrhundertwende. Im Hintergrund das Direktionsgebäude der Lloyd-Bahn, das später Betriebsamt der M.F.F.E. und danach Reichsbahnamt wurde.
Aufnahme: Slg. Schultz

Anzahl der Reisenden in den Geschäftsjahren 1890 und 1899

Bahnhof	Geschäftsjahr 1890	1899
Central-Bahnhof	14.769	503.651
Friedrich-Franz-Bahnhof	196.232	2.289

Ein Blick in den trotz einfacher Möblierung geschmackvoll eingerichteten Speisesaal der 3. Klasse im Mittelempfangsgebäude.
Aufnahme: Slg. Eschenburg

Vom Central-Bahnhof zum Hauptbahnhof Rostock

Für die neue Aufgabenstellung reichte die Bahnhofsanlage der Lloyd-Bahn nicht aus. Sie musste erweitert werden. In dieser

Zwischen 1904 und 1911 ist diese Aufnahme des Bahnhofsvorplatzes erschienen. Gut zu sehen sind die beiden Wendeschleifen der Straßenbahnlinien 1 und 2, ebenso der Güterschuppen der Lloyd-Bahn und die Expedition. Am Horizont unverbaut die Schwaaner Landstraße.
Postkarte: Slg. Schultz

Umbauphase entstand eine neue Bahnsteiganlage mit der noch heute befindlichen Struktur und das Mittelempfangsgebäude zwischen den Bahnsteigen 3 und 8. Dieses Gebäude wurde 1897 fertig gestellt und beherbergte die Telegrafenstation, Diensträume und gastronomische Einrichtungen in den nach Klassen unterteilten Warteräumen des Bahnhofes Rostock. Gleichzeitig sind die neuen Bahnsteige 3 und 8 für den Fernverkehr entstanden und überdacht worden. Da dieses Mittelempfangsgebäude nur schienengleich vom Vorempfangsgebäude durch Überqueren der Gleise 1, 2 und 3 zu erreichen war, musste ein Tunnel zum Erreichen dieser Bahnsteige gebaut werden. Dieser Personentunnel, der von 1909 bis 1911 errichtet worden sein soll, besteht noch heute. Unmittelbar daneben ist ein Tunnel für das Verkehren der Gepäckwagen von der Abfertigung im Vorgebäude zu den

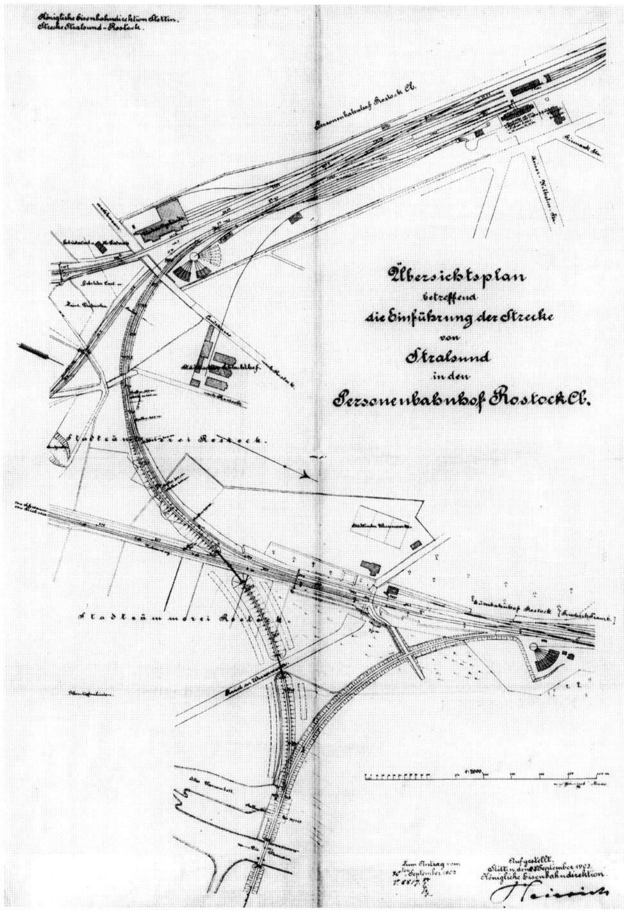

Die letztlich ausgeführte Variante der Streckeneinführung von Stralsund in den Central-Bahnhof Rostock 1904. Aus dem Plan sind auch noch weitere Details der Gleisanlagen ersichtlich.
Abb: Staatsarchiv Schwerin, Repro Slg. Schultz

Aus dem Jahr 1914 stammt diese Ansichts-Postkarte des Hauptbahnhofes mit dem neu errichteten Hallenvorbau, der um 1919 links und rechts noch erweitert worden ist. Dabei entfielen die Ecktürme.
Aufn: Slg. Eschenburg

Bahnsteigen gebaut worden. Dieser Gepäcktunnel erlitt 1944 Kriegsschäden, Wassereinbruch und ist nicht wieder hergerichtet worden. 1908 ist das Abortgebäude für die Notdurft der Reisenden bei ihren Aufenthalten auf den Bahnsteigen am westlichen Ende des Inselbahnsteiges hinzugekommen. Somit war es keine öffentliche Bedürfnisanstalt, denn man erreichte diese nur mit einer Fahrkarte oder Bahnsteigkarte in der Tasche. Der Nutzer brauchte aber auch keine Gebühr dafür entrichten. In das Jahr 1911 fällt auch die Überdachung der auf der Ostseite des Bahnhofs gelegenen Bahnsteige 4/5 und 7 für den Nahbereichsverkehr nach Güstrow bzw. Tribsees.

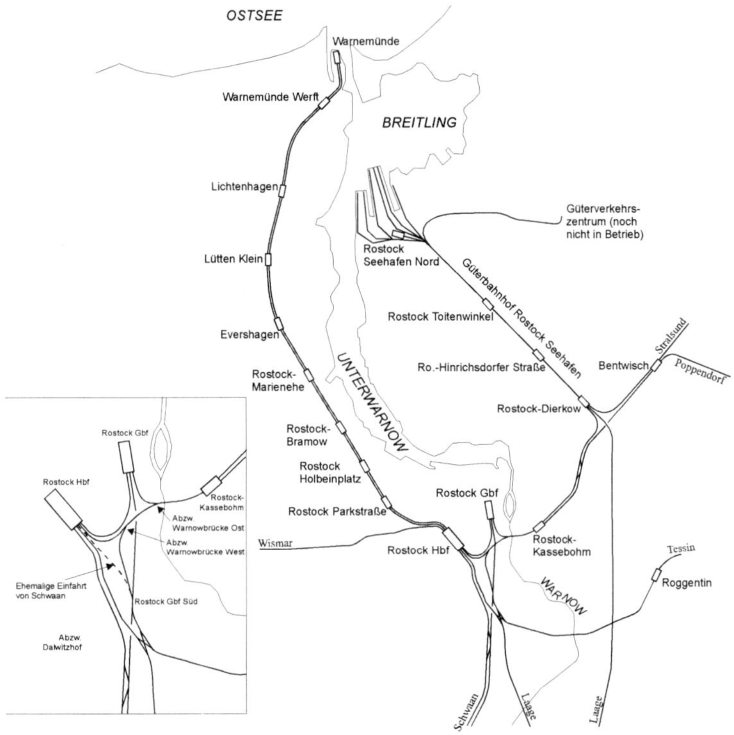

Nach der Eröffnung der Tribseser Strecke hat sich der Netzknoten Rostock herausgebildet. Seine Grundstruktur blieb bis heute erhalten.
Zeichnung: Wilhelm

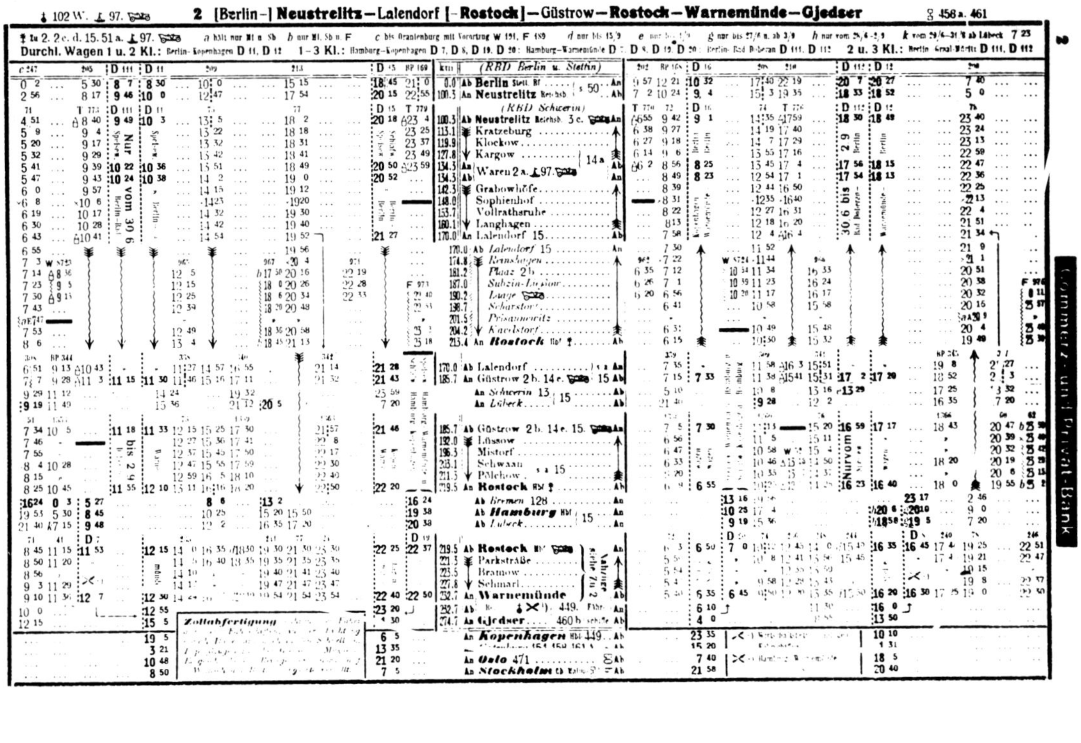
102 W. 97. — **2 [Berlin-] Neustrelitz–Lalendorf [-Rostock]–Güstrow–Rostock–Warnemünde–Gjedser** — 458 a. 461

Durchl. Wagen 1 u. 2 Kl.: Berlin–Kopenhagen D 111, D 112 — 1–3 Kl.: Hamburg–Kopenhagen D 7, D 8, D 19, D 20; Hamburg–Warnemünde D … — 2 u. 3 Kl.: Berlin–Gr.-Mertz D 111, D 112

(RBD Berlin u. Stettin)
Ab Berlin Stett. Bf.
An Neustrelitz
(RBD Schwerin)
Ab Neustrelitz
Kratzeburg
Klockow
Kargow
Waren 2 a. 97.
Grabowhöfe
Sophienhof
Vollrathsruhe
Langhagen
An Lalendorf 15
Ab Lalendorf 15
Reinshagen
Plaaz 2 b
Subzin-Liessow
Laage
Scharstorf
Prisannewitz
Kavelstorf
An Rostock
Ab Lalendorf
An Güstrow 2 b. 14 e.
An Schwerin 13
An Lübeck
Ab Güstrow 2 b. 14 e. 15.
Lüssow
Mistorf
Schwaan
Pölchow
An Rostock
Ab Bremen 128
Ab Hamburg Hbf
Ab Lübeck
Ab Rostock
Parkstraße
Bramow
Schmarl
An Warnemünde
Ab ... 449.
An Gjedser ... 460 b
An Kopenhagen
An Oslo 471
An Stockholm

Zollabfertigung

Commerz- und Privat-Bank

Aus dem Reichskursbuch von 1914 ist dieser Fahrplan entnommen.
Abb: Slg. Schultz

Der Kopfbahnhof von Warnemünde, Bahnsteigseite. Recht beschaulich geht es um 1890 zu. In der Bildmitte ist die Drehscheibe für die Lokomotiven ersichtlich.
Aufnahme: Archiv Schwerin, Repro: Slg. Schultz

1. Entfernung in Kilometer	2. Stationen.	3. Fahrzeit M.	4. Ankunft U.	Ankunft M.	5. Halt M.	6. Abfahrt U.	Abfahrt M.	7. Kürzeste Fahrzeit M.	8. Kreuzung mit Zug Nr.	9. Ueberholung des Zuges Nr.	durch Zug Nr.	10. Fahrgeschwindigkeit des Zuges in der Stunde km	11. Es sind von 100 Wagenachsen zu bremsen
	Tribsees	—	—	—	—	7	04	—					
2,6	Langsdorf	4	—	—	×	7	08	4				40	$18_{(40)}$
5,9	Sülze	9	7	17	2	7	19	9					
4,5	Dudendorf Ladestelle	7	—	—	—	7	26	—					
3,8	Dettmannsdorf-Kölzow	6	7	32	1	7	33	13					
3,3	Dammerstorf . .	5	—	—	×	7	38	5					
7,8	**Sanitz**	12	7	50	5	7	55	12					
2,4	Gr.-Lüsewitz . .	4	7	59	1	8	00	4					$25_{(40)}$
3,1	Teschendorf . . .	5	8	05	1	8	06	5					
2,1	Broderstorf . . .	4	8	10	1	8	11	4					
4,0	Roggentin	7	8	18	1	8	19	7					
4,4	Dalwitzhof Sig. St. .	7	—	—	—	8	26	—					
2,2	**Rostock** Zb. . . .	4	8	30	—	—	—	11					
	Fahrtdauer 1 St. 26 M.	74			12								

Personen-Zug № 217. Sbr.
II.–IV. Klasse.

1.	2.	3.	4. U.	4. M.	5.	6. U.	6. M.	7.	8.	9.	9.	10.	11.
	Rostock Zb. . . .	—	—	—	—	9	25	—					
2,2	Dalwitzhof Sig. St. .	4	—	—	—	9	29	—				40	
4,4	Roggentin	7	9	36	1	9	37	11					
4,0	Broderstorf . . .	7	9	44	1	9	45	7					
2,1	Teschendorf . . .	4	9	49	1	9	50	4					
3,1	Gr.-Lüsewitz . .	5	9	55	1	9	56	5					$25_{(40)}$
2,4	**Sanitz**	4	10	00	5	10	05	4					
7,8	Dammerstorf . .	12	—	—	×	10	17	12					
3,3	Dettmannsdorf-Kölzow	6	10	23	1	10	24	6					
3,8	Dudendorf Ladestelle	6	—	—	—	10	30	—					
4,5	Sülze	7	10	37	2	10	39	13					
5,9	Langsdorf	12	—	—	×	10	51	2				30	$12_{(30)}$
2,6	**Tribsees**	5	10	56	—	—	—	5					
	Fahrtdauer 1 St. 31 M.	79			12								

Verkehrt Donnerstags nicht.

Ein Buchfahrplanauszug als geschichtliches Zeugnis für die Züge 216 und 217 auf der Tribseer Strecke von 1917 gehört auch in unsere Dokumentation.
Abb: Slg. Schultz

Widmen wir uns nun dem Bahnhof Warnemünde. Der erste Bahnhof in Warnemünde war als Kopfbahnhof von der Lloyd-Bahn vor dem Strom (Warnow) errichtet worden. Von seinem Querbahnsteig kam man kurzen Weges und überdacht zum Postdampfer-Liegeplatz. Dieser lag damals im extra gebaggerten Bassin für den Postdampferverkehr, heute wird es von der Schifffahrt als Becken mit Liegeplätzen für Schlepper oder Werftreparaturen genutzt. Dieses Empfangsgebäude steht heute noch zu einem letzten Drittel als Wohnhaus genutzt in der Bahnhofstraße. Das erste Drittel wurde zum Bahnhofsneubau ab 1902 für die Erschließung des neuen Bahnhofes und das zweite Drittel im Rahmen der Profilfreimachung für die Elektrifizierung 1984 abgetragen. Die neue Bahnhofsanlage entstand auf dem Ostufer der Warnow. Um den Schienenverkehr dahin zu ermöglichen, musste die Warnow auf einem geschütteten Damm überquert werden. Um den Abfluss der Warnow in die Ostsee nicht zu behindern, ist ein neuer Ausfluss gebaggert worden. Diesem Eisenbahnbauvorhaben ist es zu verdanken oder geschuldet, dass

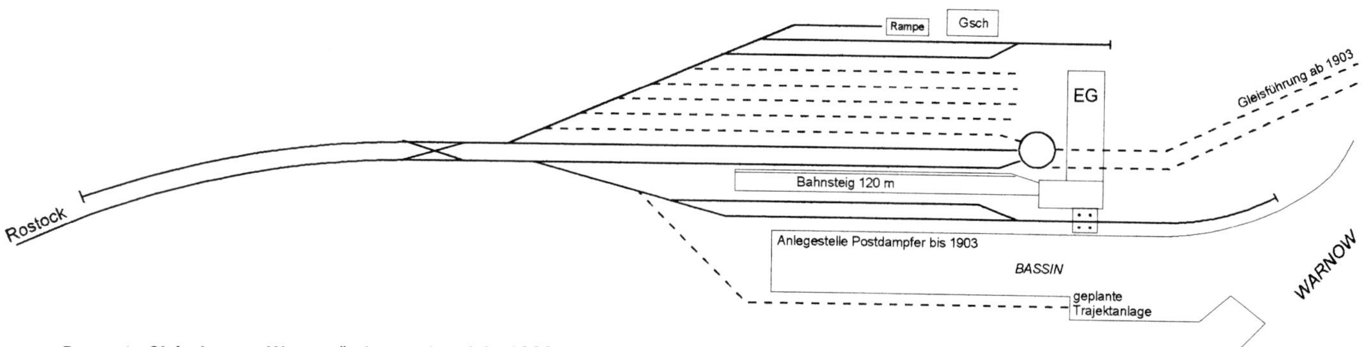

Der erste Gleisplan von Warnemünde aus dem Jahr 1886.
Zeichnung: Wilhelm

Der neue Warnemünder Bahnhof vom Alten Strom aus gesehen. Die Aufnahme zeigt die Situation um 1905, als die Eilgutabfertigung noch nicht stand.
Aufnahme: Slg. Eschenburg

wir in Warnemünde den »Alten Strom« und den »Neuen Strom« haben. Den neuen Bahnhof erreichte man vom Ort aus über die Drehbrücke, die heute in der Flaniermeile der Urlauber und Einwohner als technisches Denkmal eingestuft und 1991 saniert worden ist. Das alte Empfangsgebäude verblieb am Standort und ist um seinen östlichen Flügel für den Bau der Uferstraße reduziert worden. Die Gleise zum neuen Bahnhofsareal wurden durch das Gebäude verlegt an der Stelle, an der sich die Bahnhofshalle mit den Abfertigungsschaltern befand. Mit dieser Durchfahrt durch das Gebäude hatte Warnemünde seinen »Tunnel« erhalten. Er prägte so von 1903 bis 1985 das Bild der Eisenbahn in Warnemünde mit der Hintergrundkulisse der Schiffe im ehemaligen Bassin.

Die Strandbahn Warnemünde

Die Strandbahn Warnemünde wollen wir in diesem Werk zur Eisenbahngeschichte Rostocks mit darstellen, weil sie nach der Konzessionierung keine Straßenbahn, sondern eine elektrisch betriebene schmalspurige Kleinbahn darstellte. Sie ist in der Spurweite 1000 mm errichtet worden.

Mit dem Aufschwung des Badelebens in Warnemünde nach 1890 kamen in den folgenden Jahren die Gedanken auf, den östlich der Warnowmündung gelegenen Strandabschnitt und das zu Rostock gehörende Markgrafenheide verkehrlich zu erschließen. Neben der Erschließung spielte aber der Gedanke mit, Warnemünde den »Besseren« vorzubehalten und das »Volk« auf die östliche Seite zu lenken. Nach langwierigen Vorverhandlungen seitens der Stadt Rostock mit den Interessenvertretern wurde der Bahnbau 1909 ausgeschrieben und 1910 vollzogen. Den Strom lieferte das in der Dänischen Str. 28 errichtete Elektrizitätswerk. Mit nur einem Trieb- und Beiwagen ist unter großer Anteilnahme der Bevölkerung der Verkehr am 1. Juli 1910 eröffnet worden. Der Andrang der Bevölkerung war trotz des Fahrpreises von 0,25 RM so groß, dass er nicht bewältigt werden konnte. Der zweite Triebwagen und die drei Beiwagen wurden in der Folgewoche angeliefert. Die 5 km lange Strecke wurde in 12 Minuten befahren,

Fahrzeugparade der Strandbahn Warnemünde Hohe Düne–Markgrafenheide vor dem Depot am Warnemünder Streckenende 1910.
Aufnahme: Slg. Eschenburg

Die Endhaltestelle in Markgrafenheide vor dem Torfkanal mit der Klappbrücke.
Aufnahme: Slg. Eschenburg

einen Unterwegshalt gab es anfangs. Eine Verlängerung von Markgrafenheide nach Graal-Müritz wurde schon frühzeitig erwogen, aber mit Ausbruch des Krieges 1914 zerschlug sich das Vorhaben nach einer Aufschiebung. Der Verkehr fand bis 1935 nur in der Sommersaison von Anfang Juni bis Ende September statt. Der Krieg schränkte die Fahrthäufigkeit ab 1915 auf 5 Fahrten täglich ein und im Inflationsjahr 1923 ruhte der Verkehr ganzjährig. 1936 setzte eine neue Entwicklung ein. Ein neues Quecksilberdampf-Gleichrichterwerk wurde installiert, um aufgetretene Stromstörungen zu beseitigen und mehr Strom für die in Flensburg angekauften Fahrzeuge verfügbar zu haben. Ein vierachsiger Trieb- und Beiwagen wurde von den dortigen Kreisbahnen übernommen. Mit dem Ausbau der Verkehrsfliegerschule zur Flugzeugführerschule ab 1935 ergab sich auch ein höheres Verkehrsaufkommen und ein ganzjähriger Bedarf. Dieser ganzjährige Verkehr und tagsüber ein verdichteter Verkehr bestimmten ab Juni 1936 das Verkehrsangebot. Die Zahl der Fahrten stieg von 5.000 im Jahr 1935 auf 30.000 im Jahr 1936. Im Verlauf des 2. Weltkrieges diente die Bahn vornehmlich militärischen Interessen, zumal das Gebiet auch für die zivile Nutzung gesperrt wurde. Nach Kriegsende gab es für die intakt gebliebene Bahn keine Verwendung. In Markgrafenheide wohnten noch 30 Personen, die militärischen Anlagen und Kasernen wurden zerstört oder demontiert. Die Stadtwerke Rostock (Eigentümer) verkauften die Bahn an die Straßenbahn AG. Nach Umspurung auf die Rostocker Spurweite von 1440 mm sind die Fahrzeuge in der Stadt noch rund 20 Jahre genutzt worden. Die zweiachsigen Triebwagen wurden zu Beiwagen umgebaut, die Motoren verwendete man zur Aufrüstung des vierachsigen Beiwagens zum Triebwagen. Die Gleisanlagen sind beim Aufbau der Linie 4 nach Gehlsdorf 1947/48 verwendet worden. Die Linie wurde 1974 wieder eingestellt. Als Schienenersatzverkehr zwischen Markgrafenheide und Warnemünde ist ab 1948 für den Berufsverkehr zur im Aufbau befindlichen Warnow-Werft ein Lkw mit Sitzbänken eingesetzt worden. Diese Interimslösung wurde 1950 mit einem Bus Typ »Werdau« abgelöst. Ab 1952 kam noch ein zweiter Bus zum Einsatz.

Heute erinnert nichts mehr an die Strandbahn Warnemünde, denn auch das Depot ist 1958 abgebrochen worden, weil es dem neuen Seekanal zum Überseehafen weichen musste.

Der Fahrzeugpark der elektrischen Strandbahn Warnemünde

Wagen Nr.	Hersteller	Baujahr	Leistung	Bemerkungen
1	MAN	1910	2x 45 kW	1948 zur Straßenbahn, +1955
2	MAN	1910	2x 45 kW	1948 zur Straßenbahn, +1955
3	HAWA	1926	4x 35 kW	1949 zur Straßenbahn, +1956
21	MAN	1910		1947 zur Straßenbahn, +1967
22	MAN	1910		1947 zur Straßenbahn, +1967
23	MAN	1910		1947 zur Straßenbahn, +1967
	Dresden	1900		+1948

3. Die Eisenbahn in Rostock von 1920 bis 1939

Die weitere Entwicklung unter der Führung der Deutschen Reichsbahn

Wie sich die Entwicklung nach 1920 unter Führung der neuen Deutschen Reichsbahn vollzog, wollen wir nun genauer betrachten:

Der Weltkrieg war beendet. Als Verlierer des Kampfes um eine Vormachtstellung in Europa musste Deutschland an die Siegermächte Zahlungen leisten und Wirtschaftsgüter abgeben, ganz zu schweigen von Landesteilen im Westen und im Osten. Nach der Revolution von 1918 wurde per 1.1.1919 die Mecklenburgische Landeseisenbahn gebildet, die dann per 1.4.1920 in den Bestand der Deutschen Reichsbahn (DR) überging. Die Landeseisenbahn konnte sich mit Gedanken und Taten nicht in die Geschichte einbringen. Nicht umgesetzte Projekte wegen des Kriegsausbruches zu beginnen und Neuordnungen im Eisenbahnwesen einzuführen, blieb der neuen DR vorbehalten. Kriegsbedingte Zerstörungen blieben dem Eisenbahnwesen in Mecklenburg erspart, wohl aber mussten Lokomotiven und Wagen zumeist neuerer Bauart abgegeben werden. Das waren Lokomotiven der künftigen Baureihe 38 und 55 sowie Personenwagen mit Oberlichtdach und Einstiegsbühnen der Gattungen B und C Meck 11, Abteilwagen der Gattungen B 3 und C 3 Meck 08 sowie Durchgangswagen der Gattungen ABCC 4ü 06 und BC 4ü 12 der Waggonfabrik in Wismar. Konkrete Auswirkungen auf den Standort Rostock sind nur mit der Abgabe von 2 Lok der Gattung P 8 (BR 38) erfasst.

Die Kriegsverluste an Fahrzeugen und die illusionsreiche Reichsbahngründung brachten für den Neuaufbau des Eisenbahnwesen einen enormen Aufschwung. Die Industrie war gefordert wie nie zuvor und ehemalige Rüstungsbetriebe profilierten sich nun auf Eisenbahnbedarf.

Mit dem Anwachsen des Verkehrsaufkommens mussten die Anlagen und Technologien den Anforderungen angepasst werden. In Rostock hieß es, den in Hauptbahnhof umbenannten Central-Bahnhof zu erweitern, was 1922 mit der Schaffung des neuen Bahnsteiges 9 und 10 sowie mit der dazu notwendigen Verlängerung des Personentunnels konkret wurde. Dieser Bahnsteig wurde vorwiegend für den Regionalverkehr nach Wismar gedacht, weil die heutigen Bahnsteige 13 und 14 (damals 11 und 14) ausschließlich für den Vorortverkehr nach Warnemünde vorgesehen wurden. Die Bahnsteigüberdachung des Bahnsteiges 9/10 ist 1926 realisiert worden. Für das neu begonnene Wohngebiet zwischen Saarplatz und Barnstorfer Anlagen ist der um 200 m südlich verlegte Haltepunkt Ulmenstraße als Haltepunkt »Parkstraße« mit Unterführung derselben Straße neu entstanden. Nach dem Einbau dieser Brücken ist auch das Straßenbahngleis aus der Fahnenstraße zum Zentralfriedhof mit niveaugleicher Kreuzung des Eisenbahngleises in die Parkstraße verlegt worden. Mit der aus der Fahnenstraße verlegten Straßenbahnlinie 1 zum Neuen Friedhof gab es einen neuen Zugangspunkt zur Eisenbahn.

In Marienehe entstanden die Heinkel-Flugzeugwerke. Für die Schaffung der nötigen Rollbahn musste 1936 die Trasse der Bahnstrecke nach Warnemünde um 180 m in Richtung Evershagen verschwenkt werden. Hinzukam 1935 der Haltepunkt Marienehe für den Werkverkehr und ab 1940 für den öffentlichen Verkehr. In

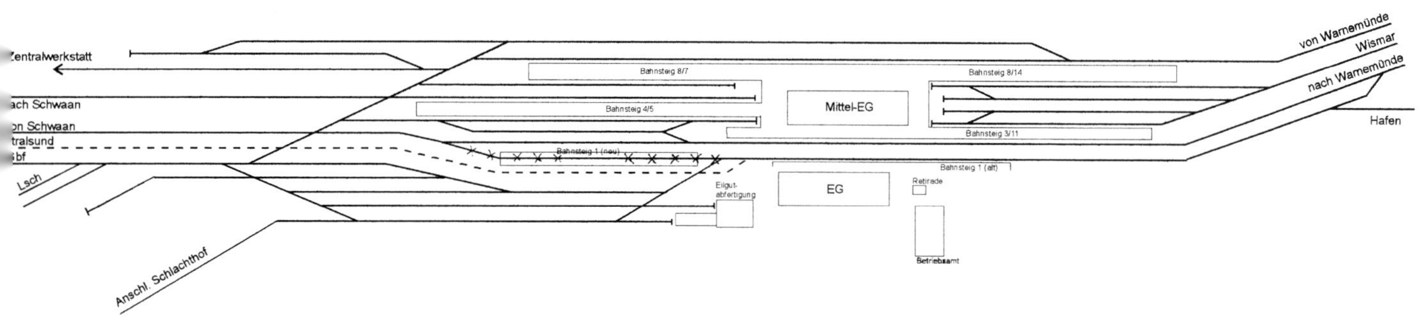

Der Gleisplan des Central-Bahnhofes Rostock nach seinem Umbau 1905.
Zeichnung: Wilhelm

das Jahr 1936 fällt der Bau der drei Brücken für zwei Gleise am Holbeinplatz. Zwischen Hauptbahnhof und Bramow war das dritte Gleis geplant, so wurde eine dritte Brücke gleich mit gebaut. Die Führung des neuen Straßenzuges Lübecker Straße–Hamburger Straße verlangte das Brückenbauwerk zur Unterquerung der Bahnlinie.

Für den Hauptbahnhof als Neubau mit einem Empfangsgebäude auf der Südseite und auf der Nordseite gab es 1937 eine Studie, die aber nicht mehr Baureife erlangte und mit dem erneuten Kriegsausbruch 1939 dann hinfällig wurde. Die Bahnsteiganlage sollte begradigt weiter nach Süden verlagert werden, auf der nördlichen Seite sollten Güterzugdurchfahrgleise (etwa im Verlauf der Gleise 1 und 2) ohne Kreuzung von Personenverkehrsgleisen geschaffen werden. Mit der neuen Bahnsteiganlage wollte die Reichsbahn die krümmungsreiche alte und unübersichtliche Situation zwischen Schwaaner Landstraße und Pütter Weg (heute Unterführung des Südringes) verbessern. 12 Bahnsteige waren geplant und ein Empfangsgebäude für das damals schon geplante Südstadtgebiet. Bei dem Neubau wäre die alte Trasse der Wismarer Eisenbahn zwischen Hbf und Satower Straße reaktiviert worden, die zwischenzeitlich für ein Anschlussgleis zu einem Tanklager genutzt worden ist.

Die Veränderungen im Güterbahnhof waren relativ gering. Der Güterboden der Güterabfertigung Rostock ist bis zum Jahr 1927 um ca. 1/3 bisheriger Größe erweitert worden. Umbauten in den Gebäuden für Büro und Sozialräume sind ebenfalls vermerkt. Als größeres Bauvorhaben im Netz ist 1932 der Austausch der Warnowbrücke von 1888 der Strecke nach Stralsund zu nennen. Die neue Fachwerkbrücke bildete den Abschluss des Ausbaus der Strecke von einer Nebenbahn zur Hauptbahn. Die Baumaßnahmen begannen 1925.

In die Zeit der zwanziger Jahre fällt auch die generelle Abschaffung der Trockenaborte mit Umwandlung in WC-Anlagen für die Reisenden. Auf die ländlichen Bahnhöfe im Rostocker Umfeld traf das allerdings noch nicht zu.

Die Wartesäle auf dem Rostocker Bahnhof wurden neu gegliedert. Der Warte- und Speisesaal der 2. Klasse bestand im Obergeschoss, der Saal der 3. Klasse im Untergeschoss des Mittelempfangsgebäudes. Der Wartesaal der Sonderklasse im Vorempfangsgebäude für den Großherzog und andere Staatsgäste wurde wegen der ineffektiven Nutzung geschlossen und für eine andere Nutzung umgebaut. An der westlichen Giebelseite erhielt das Deutsche Rote Kreuz 1930 einen Anbau. Er steht noch heute, sollte aber Ende 1999 geschlossen werden, da er nicht in das Umbaukonzept des Bahnhofes eingepasst werden kann. In Warnemünde gab es Warteräume der 2. und 3. Klasse mit Bewirtschaftung im Empfangsgebäude. Für Fahrgäste der 4. Klasse gab es auf den Bahnhöfen nur die Aufenthaltsmöglichkeiten in den öffentlichen Bahnhofshallen mit Fahrkartenschaltern, Gepäckabfertigungen u.a. In diesen Hallen standen früher Sitzbänke. Im Jahr 1928 wurde die 4. Wagenklasse abgeschafft. Die Wagen wurden zum Teil zu Traglastenwagen erklärt oder nach einem Umbau des Sitzgestühls zur 3. Klasse klassifiziert. Diese Maßnahmen sollten bis 1930 restlos abgeschlossen worden sein.

Aus der 1924 geschaffenen »Deutschen Reichsbahn Gesellschaft« ging 1937 mit einem neuen Gesetz das staatliche Unternehmen »Deutsche Reichsbahn« hervor.

Der Zugverkehr in Rostock

Nach dem Ersten Weltkrieg kam es ab 1920 wieder zu einem Aufschwung der Verkehrsleistungen in allen Bereichen, doch bald setzten dem Inflation und Weltwirtschaftskrise wieder Grenzen.

Rostock konnte seine Position als wirtschaftliches Zentrum weiter festigen. Auch im Hinblick auf das Verkehrsaufkommen war Rostock Spitzenreiter in Mecklenburg, wie die nachfolgende Übersicht aus dem Geschäftsbericht 1919/20 der Mecklenburg-Schwerinschen Landeseisenbahn zeigt.

Einfahrt des Berliner Schnellzuges mit einer P 8 (BR 38) 1925 zum Bahnsteig 3 in Rostock Hbf, im Hintergrund das alte Betriebswerk an der Herweghstraße. Das Foto entstand von der Signalbrücke des Stellwerkes W 1.
Aufnahme: Slg. Schultz

Wagenladungsverkehr (Empfang und Versand) auf den Stationen der Mecklenburg-Schwerinschen Landeseisenbahn im Jahre 1919, geordnet nach Aufkommen (in Tonnen)

Station	1919
Wismar	327.999
Schwerin	221.891
Güstrow	195.632
Waren	164.862
Rostock Hafen	164.742
Parchim	136.022
Rostock Gbf	135.239
Lübeck	129.423
Warnemünde	117.434
Stavenhagen	86.350
Rostock Ulmenstr.	28.025
Rostock Hbf	12.962
Rostocker Bahnhöfe gesamt	458.402

Ein Blick vom Stellwerk B 2 auf den einfahrenden Schnellzug von Berlin auf Gleis 3. Im Hintergrund die Signalbrücke des Stellwerkes W 1.
Aufnahme: Bellingrodt, Slg. Schultz

Eine Lok der BR 55 befährt um 1938 das Hafenanschlußgleis in der Grubenstraße. Im Bild die frühere Viergelindenbrücke in geöffnetem Zustand.
Aufnahme: Stadtarchiv Rostock, Slg. Schultz

Mittlerweile wurden einige Modernisierungs- und Erweiterungsvorhaben ausgeführt, nachdem es, bedingt durch die Ereignisse des Ersten Weltkrieges, lange Jahre keine größeren Investitionen gab. Erst nach 1920 wurde damit begonnen, diese Projekte fortzusetzen.

Doch nicht nur der Zugverkehr erreichte neue Spitzenwerte, nun entwickelte sich auch der Kraftverkehr in den 30er Jahren.

Nach der Machtübernahme durch die Nationalsozialisten wurde Rostock in den 30er Jahren schwerpunktmäßig zum Zentrum der Rüstungsindustrie in Mecklenburg ausgebaut. Die beiden bereits vorhandenen Flugzeugwerke, die Arado-Werke in Warnemünde und die Ernst-Heinkel-Werke in Hohe Düne, expandierten stark. Die Anlagen der Arado-Werke wurden am alten Standort erweitert, Heinkel baute in Marienehe ein völlig neues Werk.

Ausfahrt des Schnellzuges Hamburg–Rostock–Saßnitz aus dem Hbf Rostock, Bahnsteig 1, um 1925. Zuglok ist eine Stralsunder Schnellzuglok der Gattung S 6. Im Hintergrund die große Signalbrücke des Stellwerkes B 2. Rechts die Reisezugwagenabstellanlage, wie sie auch 1999 noch bestand.
Aufn: Slg. Schultz

Personenzug Rostock–Wismar verlässt den Hbf Rostock um 1935. Ein Triebwagen der Waggonfabrik Wismar wird mit einem Personen - und Gepäckwagen verstärkt. Im Hintergrund sehen wir gerade noch einen Teil des Stellwerkes W 3 in Höhe des Goethe-Gymnasiums.
Aufnahme: Slg. Dr. Kabatzke

Die Schrankenanlage in der St.-Georg-Straße. Eine Rangierabteilung kommt vom Hafen zum Hauptbahnhof.
Aufnahme: Eschenburg

Damit entwickelte sich ein starker Berufsverkehr auf der Strecke nach Warnemünde. Um kurze Fahrzeiten zu erreichen, kam hier in den 30er Jahren die Baureihe $75^{10\text{-}11}$ (bad. VI c) zum Einsatz. Ab März 1935 versetzte man ehemalige Abteil-Doppelwagen der Berliner Vorortbahn nach Rostock, um sie hier im Arbeiterverkehr einzusetzen.

Weiterhin mussten aus diesen Gründen auf der Strecke Rostock Hbf–Warnemünde eine Reihe von baulichen Veränderungen und Erweiterungen geschaffen werden. Dem früher recht unbedeutenden Bahnhof Bramow im ländlichen Stil kamen nun weitreichende Aufgaben im Güterverkehr zu, was nur durch umfangreiche Gleiserweiterungen möglich war. Am 1. April 1935 ging der neu gebaute Haltepunkt Marienehe in Betrieb, der für die Abwicklung des Berufsverkehrs der Heinkelwerke eingerichtet wurde. Zu dieser Zeit arbeiteten im Gebiet Marienehe etwa 10.000 Menschen, womit das Heinkelwerk der größte Arbeitgeber in Mecklenburg war. Angeblich soll es im Vorortverkehr Rostock–Warnemünde reservierte Wagen für die Arbeiter der Flugzeugwerke gegeben haben.

Der Verkehr auf dieser Strecke entwickelte sich rapide, der Berufs- und Ausflugsverkehr nach Warnemünde bewirkte eine dichtere Zugfolge. Zum Vergleich: Während im Sommer werktags etwa 30 und an Sonn- und Feiertagen rund 40 Zugpaare fuhren, reichten in den Winterabschnitten etwa 20 Zugpaare täglich aus. Diese Zahlen waren in der zweiten Hälfte der 30er Jahre nur sehr geringen Schwankungen unterworfen.

Im Juni 1936 wurde der Stadt Rostock der Beiname »Seestadt« verliehen. Gleichzeitig stellte man auch allen Bahnhofsbezeichnungen diesen Titel voran.

In den 30er Jahren stabilisierten sich die Zugleistungen in Rostock und blieben über die folgenden Jahre hinweg konstant. Am Beispiel des Sommerfahrplans 1937 soll der für diese Zeit alltägliche Verkehr dargestellt werden:

D- und Eilzüge in Rostock im Sommerfahrplan 1937 (gültig vom 22. Mai bis 2. Oktober 1937)

D 7	Hamburg–Rostock–Kopenhagen
D 8	Kopenhagen–Rostock–Hamburg
D 11	Berlin–Rostock–Kopenhagen
D 12	Kopenhagen–Rostock–Berlin
D 15	Berlin–Rostock–Kopenhagen
D 16	Kopenhagen–Rostock–Berlin
D 19	Hamburg–Rostock–Kopenhagen
D 20	Kopenhagen–Rostock–Hamburg
D 111	Berlin–Rostock–Bad Doberan (18.VI. - 29. VIII.)
D 112	Bad Doberan–Rostock–Berlin (18.VI. - 29. VIII.)
D 113	Hamburg–Rostock–Stralsund–Stockholm–Oslo
D 114	Oslo–Stockholm–Stralsund–Rostock–Hamburg
D 117	Hamburg–Rostock–Stralsund–Stockholm–Oslo
D 118	Oslo–Stockholm–Stralsund–Rostock–Hamburg
E 42	Rostock–Bützow
E 43	Bützow–Rostock
E 108	Warnemünde–Berlin (nur S, vom 26.VI.–30. VIII. auch nS)
E 115	Berlin–Warnemünde
E 116	Warnemünde–Berlin
E 119	Berlin–Warnemünde
E 120	Warnemünde–Berlin
E 267	Uelzen-Rostock–Stralsund
E 268	Rostock–Hamburg
E 2083	Stralsund–Rostock (26.VI. - 29. VIII.)
E 3084	Leipzig–Rostock (25.VI. - 28. VIII.)
E 3083	Rostock–Leipzig (26.VI. - 29. VIII.)

Anzahl der Personenzugpaare zu verschiedenen Zielen im Sommerfahrplan 1937 (werktags/sonntags)

ab Rostock Hbf nach	
Warnemünde	29/40
Wismar	5/6
zusätzlich bis Bad Doberan	4/7
Ribnitz (–Stralsund)	6/6
Sanitz (–Tribsees/Tessin)	4/4
Güstrow über Schwaan	9/9
Güstrow über Plaaz	6/6

Vor allem das Aufkommen an Schnell- und Eilzügen mag für die heutige Zeit gering erscheinen. Doch damals – als an Stundentakte nicht zu denken war – stellte dies ein sehr gutes Angebot dar. Eine Reihe hochwertiger internationaler Züge fuhr durch Rostock. Weiterhin gab es Direktverbindungen zu den wichtigsten Städten, mit denen Rostock in wirtschaftlichem Kontakt stand. Charakteristisch waren bereits damals die Saisonzüge für Urlauber aus Berlin und Sachsen. Da diese kurz hintereinander am späten Vormittag eintrafen, musste während der Verkehrstage dieser Züge die ansonsten durchgeschaltete Blockstelle Papendorf in Fahrtrichtung Schwaan–Rostock stundenweise besetzt werden.

Die Mecklenburgische Bäderbahn Rövershagen–Graal-Müritz

In den zum Ende des letzten Jahrhunderts noch getrennten Orten Graal und Müritz begann nach 1880 die Entwicklung zu Kur- und Badeorten. Doch der Weg in die beiden Orte führte nur über staubige oder schlammige Chausseen. So ließ der Ruf nach einer Eisenbahn nicht lange auf sich warten. Doch die Graaler und Müritzer Einwohner mussten sich noch eine ganze Weile gedulden, bis wirklich ein Zug in ihre Orte fuhr. Immer neue Projekte wurden ausgearbeitet. Mehrere Streckenführungen standen zur Debatte:

Ribnitz–Müritz–Graal, Rövershagen–Graal–Müritz, Gelbensande–Graal–Müritz, eine direkte Strecke Rostock–Nienhagen–Graal–Müritz sowie die Verlängerung der Strandbahn Hohe Düne–Markgrafenheide. Auch die projektierte technische Ausführung war sehr facettenreich. Elektrischer und Dampfbetrieb, Schmalspur und Normalspur – alle Kombinationen wurden vorgeschlagen.

Doch immer wieder gab es Hindernisse und Gegenstimmen, welche die Projekte vereitelten. Vor allem wurden immer wieder finanzielle Gründe angegeben – man befürchtete einen unrentablen Betrieb der Bahn. Doch ein weiterer Grund für die Mecklenburgische Friedrich-Franz-Eisenbahn, hier nicht zu investieren, lag im Status der Strecke Rostock–Stralsund, denn diese wurde von der KPEV gebaut und betrieben. Damit hätte man mit der inzwischen favorisierten Trassierung von Rövershagen aus eine Strecke ohne Verbindung zum restlichen Netz. Auch die Streckenführung von Ribnitz aus wurde von der Landesregierung abgelehnt, da sie zu stark auf Preußen ausgerichtet war. Nachdem in den Jahren nach 1910 wieder vermehrt Druck auf die zuständigen Behörden ausgeübt wurde, verbesserten sich die Aussichten auf eine Bahnverbindung. Doch der einsetzende Erste Weltkrieg machte wieder alle Hoffnungen zunichte. Erst 1920 gab es wieder konkrete Planungen. Fest stand nun, dass die Strecke nur als private Kleinbahn zu bauen und zu betreiben sei. Nach langen Verhandlungen wurde Anfang März 1925 mit den Bauarbeiten zu einer regelspurigen Strecke von Rövershagen über Graal nach Müritz begonnen. Hauptaktionäre der am 31. März 1925 in das Handelsregister eingetragenen »Mecklenburgischen Bäderbahn Aktiengesellschaft« waren die Berliner Straßenbahnbetriebs-

Mecklenburgische Bäderbahn-Aktiengesellschaft in Rostock

RM. 1000 AKTIE № 0543 *

über

EINTAUSEND REICHSMARK

Der Inhaber dieser Aktie ist mit dem Betrage von Eintausend Reichsmark bei der Mecklenburgischen Bäderbahn-Aktiengesellschaft als Aktionär mit allen satzungsmäßigen Rechten und Pflichten beteiligt.

Den Vorschriften des Kapitalverkehrssteuergesetzes über die Gesellschaftssteuer ist nach der Bescheinigung des Finanzamtes Rostock Stadt in Rostock vom 9. April 1925 12/1925 des Anmeldungsbuches genügt.

Rostock, 20. Juni 1925

Der Vorstand der Mecklenburgischen Bäderbahn-Aktiengesellschaft.

Der Aufsichtsrat.

Vorsitzender. Stellv. Vorsitzender.

Eingetragen im Aktienregister Seite 1

Der Kontrollbeamte.

Adlers Erben G.m.b.H. Rostock

Die Mecklenburgische Bäderbahn AG hat am 20. Juni 1925 diese Aktien auf den Markt gebracht.
Abb: Slg. Pfafferott

91 1711 mit Personenzug nach Graal-Müritz 1962 im Bahnhof Rövershagen.
Aufnahme: Meyer

gesellschaft, die Stadt Rostock, die Gemeinden Graal und Müritz, Lenz & Co sowie viele Vertreter von Rostocker Institutionen.

Der Bahnbau an der 10,3 km langen Strecke, den die Firma Lenz & Co übernahm, ging zügig vorwärts. In Rövershagen errichtete man einen eigenen Bahnhofsteil. Der Endbahnhof Graal-Müritz erhielt ein großes Empfangsgebäude, sowie Werkstatt und Lokbehandlungsanlagen. Haltepunkte wurden in Hinrichshagen und Graal-Schwanenberg eingerichtet.

Bereits am 1. Juli 1925 konnte der erste Zug rollen. Damit nahm die erste nach dem Weltkrieg gebaute Privatbahn Norddeutschlands ihren Betrieb auf. Der Betrieb wurde durch die Firma Lenz & Co in Berlin geführt. Die Erstausstattung an Fahrzeugen war recht spartanisch: zwei gebrauchte Lokomotiven der preußischen Gattung T3 sowie zwei Reisezug- und ein Gepäckwagen. Bereits ein Jahr später trafen zwei weitere Reisezugwagen ein, 1927 nochmals einer. Für den geringen Güterverkehr reichten ein G- und zwei O-Wagen aus. In den Jahren 1938 und 1941 wurde jeweils eine Lok des ELNA Typs 2 beschafft, welche die alten T3-Maschinen ablösten.

Die Hauptlast des Betriebes lag in den Sommermonaten. Sogar durchgehende Kurswagen von Berlin verkehrten bis Graal-Müritz. Initiator war der Hauptaktionär der Mecklenburgischen Bäderbahn, die Berliner Straßenbahnbetriebsgesellschaft, die hier Ferienheime besaß.

Später richtete man für Ausflügler in die Rostocker Heide einen Haltepunkt »Georg Schneise« ein. Während des Zweiten Weltkrieges hatte die Strecke große Bedeutung als Transportmittel für die zu Lazaretten umfunktionierten Erholungsheime in Graal-Müritz. Diese wurden 1945 von der Roten Armee übernommen, was sicherlich ein entscheidender Grund dafür war, dass die ansonsten recht bedeutungslose Strecke nicht unter die Reparationsabbauten fiel. Ab 1.4.1949 übernahm per Gesetz die DR den Betrieb auf der Strecke. Bald darauf verschwanden die angestammten Lokomotiven von der Strecke, nun kamen 91^{19} und 91^{3} des Bw Rostock hier zum Einsatz.

In den 60er Jahren wurde eine Stilllegung empfohlen, doch durch den Mangel an Bussen und Lkw blieb die Bahn erhalten. Auch die Militärs meldeten Interesse an der Strecke an, waren doch in der Rostocker Heide große Schießplätze entstanden.

Ab 1996 ist die Strecke in das Regionalbahnkonzept des Landes Mecklenburg-Vorpommern eingebunden und der Verkehr wird mit Triebwagen der BR 628 abgewickelt. Seit dem 26.09.1999 wird Schienenersatzverkehr gefahren, um den Oberbau der Strecke grundlegend zu sanieren. Mittelfristig ist die Elektrifizierung der Strecke vorgesehen, da sie in die S-Bahn Rostock einbezogen werden soll.

Um 1900 sind von einer »Photoanstalt« in Rostock diese Postkarten herausgegeben worden. Ein colorierter Nachdruck von 1985.
Abb: Slg. Schultz

Am 18. Mai 1985 fuhren mit einem Sonderzug, gezogen von 218 019, 300 begeisterte Eisenbahnfreunde am Eröffnungstag des elektrischen Zugbetriebes von Waren/Müritz nach Rostock. Ein Fotohalt unterwegs durfte nicht fehlen.
Aufnahme: Schultz

Im Februar 1998 ist eine neue Warnowbrücke errichtet worden. Hier im Bild wird sie nach Montage und Verfahren zum Einbauort auf ihre Widerlager abgesetzt.
Aufnahme: Pfafferott

1986 setzte die DR einen Zug aus vollklimatisierten Wagen auf der Relation Berlin–Rostock und zurück ein. Dieser hohe Reisekomfort gewann schnell Liebhaber, aber die DR beschaffte keine weiteren Wagen, weil der Anschaffungspreis nicht abgedeckt werden konnte. 1992 ist der letzte Wagen dieser Kleinserie ausgemustert worden. Im Bild ist die Ausfahrt von Bahnsteig 9 mit einer E 11 bzw. BR 211 im Jahr 1986 festgehalten. Zu sehen ist auch die alte Fußgängerbrücke vom Bahnhofsvorplatz zur Südstadt.
Aufnahme: Schultz

Der IC 621 kommt im Mai 1999 von Stralsund nach Rostock. Vor dem Panorama von Rostock in Höhe Brinckmannsdorf bei einem möglichen späteren S-Bahn Haltepunkt Rieckdahl zeichnet er sich in der Landschaft durchaus verkehrswerbend ab. Markanter Bildmittelpunkt: Die neue Kirchturmspitze der Petrikirche.
Aufnahme: Schultz

Dieses Bild von 1998 gibt die Lage des Rostocker Hbf vor seiner umfassenden Rekonstruktion recht anschaulich wieder. Deutlich zu sehen ist der großzügige Baukörper des 1992-1994 errichteten Intercity-Hotels östlich des Vorempfangsgebäudes.
Aufnahme: Slg. Pfafferott

Im Sommer 1999 bietet der südliche Zugang zum Hauptbahnhof ein tristes Bild. In Vorbereitung für den Neubau des südlichen Empfangsgebäudes wurden die hier nach der Wende aufgestellten Verkaufskioske allesamt beseitigt.
Aufnahme: Schultz

Auf dieser Computerzeichnung ist dreidimensional der geplante Endzustand des umgebauten Hauptbahnhofes mit Unterquerung durch die Straßenbahn dargestellt. Von einem ICE-Verkehr ab Fertigstellung 2003 ist allerdings gegenwärtig keine Rede.
Quelle: DB AG

Ausfahrt des IC 628 nach Stralsund im August 1999 . Die Fahrstraße kreuzt die gesamten Bahnhofsgleise.
Aufnahme: Schultz

Gleisseitige Ansicht der Lloyd-Bahn-Werkstatt Rostock, der Keimzelle für das moderne RAW Rostock.
Aufnahme (1999): Schultz

In Nachfolge zur verkauften »Warnemünde« setzte die Deutsche Fährgesellschaft Ostsee ab 1998 die größte Ostseefähre, die »Mecklenburg-Vorpommern« zwischen Rostock-Überseehafen und Trelleborg ein.
Aufnahme: DFO

Mittig zwischen Bahnsteig 3 und 4 steht das frühere Empfangsgebäude für hohe und höchste Herrschaften. Äußerlich 1997/98 liebevoll restauriert zieht es wieder Blicke auf sich. Noch ist die nach 1920 installierte Telefonanlage darin, wertvolle Holzdecken sind unter einer Zwischendecke erhalten. Was macht man künftig mit solch wertvollem Gebäude?
Aufnahme: Schultz

4. Die Ereignisse im Zweiten Weltkrieg

Die Eisenbahn in Rostock unter den Bedingungen des Krieges

Bereits in den Jahren vor 1939 begann man mit dem Ausbau von Strecken und Bahnhöfen für den »Ernstfall«. In Mecklenburg betrafen diese Maßnahmen vor allem die langen eingleisigen Strecken, auf denen durch den Bau neuer Kreuzungsbahnhöfe die Durchlassfähigkeit erhöht wurde.

Allgemein stiegen seit Jahresanfang 1939 die Zugzahlen stark an, wofür vor allem Wehrmachtstransporte die Ursache waren. Letztere setzte man stets als Sonderzüge ein, sie wurden mittlerweile aber fast zur ständigen Einrichtung. Daher griff man zunehmend auf vorgefertigte Fahrpläne und Zugnummern zurück, um sich die ständige Neuausstellung der Fahrplanunterlagen zu ersparen.

Um einen reibungslosen Ablauf zu sichern, wurde ab dem 6. Februar 1939 die Oberzugleitung Schwerin ständig besetzt. Da die Transportfrage allgemein als äußerst wichtig angesehen wurde, kann dies als ein weiteres Indiz für die unmittelbaren Kriegsvorbereitungen gesehen werden.

Rostock war in den letzten Jahren vor dem Krieg zu einem wichtigen Zentrum der Rüstungsindustrie geworden, so dass auch die Bedeutung der Rostocker Eisenbahn für die politischen Ziele des damaligen Deutschen Reiches sehr groß war. Im Februar 1939 stufte man die Klassifizierungen der Bahnhöfe Rostock Hbf und Bramow hoch. Der Hauptbahnhof kam von der Klasse Ib in die Klasse Ia, Bramow von IV auf III.

Mit Ausbruch des Zweiten Weltkrieges am 1. September 1939 wurden fast alle zivilen Züge gestrichen. Bereits am 20. September 1939 gab die RBD Schwerin einen Behelfs-Taschenfahrplan heraus, in dem diese Einschränkungen festgeschrieben waren. Anfangs führten D- und Eilzüge nur die 2. und 3. Klasse, alle anderen Züge nur die 3. Klasse. Viele Züge fuhren nur »auf besondere Anordnung«.

Doch bereits Anfang Oktober wurden in Mecklenburg wieder zusätzliche Reisezüge eingelegt, um dem zivilen Reisebedarf etwas besser Rechnung zu tragen. Für Rostock betraf dies je ein zusätzliches Zugpaar Rostock–Laage und Rostock–Warnemünde.

Im Güterverkehr wurde die bisherige Betriebsruhe an Sonntagen aufgehoben.

Um Luftangriffe zu erschweren, wurde die Verdunkelung in Zügen und auf Bahnanlagen angeordnet. Da dies für die Eisenbahner ungewohnt war, kam es vor allem in der ersten Zeit dieser Maßnahme immer wieder zu Unfällen.

Am 5. Dezember 1939 konnte der neugebaute Streckenabschnitt von Marienehe bis kurz hinter Schmarl (km 118,8-122,0) der Strecke Rostock Hbf–Warnemünde in Betrieb genommen werden.

108g Seestadt Rostock - Stralsund

km																							
	Hamburg Hbf 105 ..... ab	...	...	...	...	...	...	...	*8.50*	...	*8.50*	...	...	*10.30*	*10.30*	...	...	...	...	...	...	*16.00*	...
	Lübeck Hbf 105 .... ab	...	...	...	...	...	...	...	*9.48*	...	*9.48*	...	...	*12.15*	*12.15*	...	...	...	...	...	...	*17.38*	...
	R B D Stettin Zug Nr	273	1125		275				D 113		281		283	E 267	285		287		S 305			S 289	
km	Klasse	2. 3.	2. 3.		2. 3.				1. 2. 3.		2. 3.		2. 3.	2. 3.	2. 3.		2. 3.		2. 3.			2. 3.	
			bG											ⓧ									
0,0	**Seestadt Rostock** Hbf ... ab	5.37	...	...	8.32	...	...	...	**12.05**	...	12.30	...	14.00	**15.34**	17.25	...	20.27	...	...	...	...	S23.15	...
7,9	Bentwisch	5.45	...	...	8.42	...	...	...	✕	...	12.40	...	14.10	|	17.37	...	20.39	...	...	...	...	23.24	...
11,0	Mönchhagen	5.50	...	...	8.47	...	...	...	|	...	12.45	...	14.15	|	17.42	...	20.44	...	...	...	...	23.29	...
14,9	Rövershagen 108d	5.56	...	...	8.55	...	...	...	|	...	12.53	...	14.22	**15.50**	17.50	...	20.51	...	...	...	...	23.35	...
17,1	Schwarzenpfost	6.00	...	...	8.59	...	...	...	| Seestadt	...	12.57	...	14.26	an	17.55	...	20.55	...	...	...	...	23.39	...
19,5	Gelbensande	6.07	...	...	9.04	...	...	...	|	...	13.01	...	14.30	...	18.00	...	20.59	...	...	...	...	23.43	...
23,8	Altheide (Meckl)	6.12	...	...	9.09	...	...	...	|	...	13.07	...	14.36	...	18.05	...	21.05	...	...	...	...	23.49	...
29,3	**Ribnitz** .... an	6.18	...	...	9.15	...	...	...	**12.31**	...	13.13	...	14.42	...	18.12	...	21.11	...	...	...	...	23.55	...
29,3	**Ribnitz** .... ab	6.22	...	...	9.20	...	...	...	**12.32**	...	13.16	...	...	...	18.15	...	...	...	von Prerow	...	...	23.56	...
32,9	Damgarten 112m	6.27	...	...	9.27	...	...	...	| Rostock	...	13.23	...	...	...	18.21	...	...	...	|	...	...	S24.00	...
38,6	Altenwillershagen	6.35	...	...	9.35	...	...	...	|	...	13.30	...	...	...	18.29	...	...	...	|	...	...	an	...
44,2	Langenhanshagen	6.42	...	...	9.41	...	...	...	| Stralsund	...	13.37	...	...	...	18.36	...	...	...	|	...	...	...	...
47,8	Staatl Horst	6.48	...	...	9.48	...	...	...	|	...	13.43	...	...	...	18.42	...	...	...	|	...	...	...	...
50,1	Starkow	6.52	...	...	9.53	...	...	...	|	...	13.47	...	...	...	18.46	...	...	...	|	...	...	...	...
53,8	**Velgast** 108e. 112n ... an	6.59		...	9.59	...	...	...	**12.53**	...	13.52	...	...	...	18.52	...	...	...	S21.49	...	...	...	...
53,8	**Velgast** 108e. 112n ... ab	7.04	8.20	...	10.06	...	...	...	**12.54**	...	13.57	...	...	...	18.56	...	...	...	21.52	...	...	...	...
59,6	Kummerow (Kr Franzburg)	7.11	8.28	...	10.13	...	...	...	|	...	14.03	...	...	...	19.04	...	...	...	21.59	...	...	...	...
62,6	Martensdorf	7.16	8.33	...	10.18	...	...	...		...	14.10	...	...	...	19.10	...	...	...	22.04	...	...	...	...
65,0	Pantelitz	7.20	8.38	...	10.23	...	...	...	|	...	14.14	...	...	...	19.15	...	...	...	22.08	...	...	...	...
72,3	**Stralsund** 108.108j.109.112j. k an	7.28	8.48	...	10.31	...	...	↙	**13.12**	...	14.23	...	...	...	19.23	...	...	...	S22.16	...	...	...	...
	Saßnitz 109 .... an	*9.05*	...	...	*13.11*	...	...	*15.02*	***15.19***	...	...	...	...	...	*21.14*	...	...	...	...	...	...	...	...

ⓧ verkehrt nur auf besondere Anordnung

Seite 129

§

108e.g

Mit Kriegsausbruch wird der Reiseverkehr stark reduziert, wie der Fahrplan von 1940 zeigt.
Abb: Slg. Schultz

Die Verlegung der zweigleisigen Strecke in Richtung Westen erfolgte für die Anlage eines Flugplatzes der Ernst-Heinkel-Werke. Im Zuge dieses Ausbaus wurde auch der Bahnhof Schmarl bis 1938 neu gebaut.

Zum 1. Januar 1941 wurde die Grenze zwischen den RBD Schwerin und Stettin verlegt, befand sich diese vorher unmittelbar hinter dem Abzweig Warnowbrücke, kam sie jetzt nach km 63,800 der Strecke Stralsund–Rostock. Damit kamen jetzt der Bahnhof Bentwisch und der Anschluss Cassebohm, hier bestand ein Anschluss zur Rostocker Zuckerfabrik, zur RBD Schwerin.

Gleichzeitig bemühte man sich um die Verbesserung der Kommunikation der Reichsbahndienststellen untereinander. Am 14. Mai 1941 wurde eine halbautomatische Fernsprechverbindung zwischen Rostock und Lalendorf in Betrieb genommen.

Entwicklung der Zugangebote auf ausgewählten Strecken
(ständig werktags verkehrende, durchgehende Zugpaare)

Fahrplan gültig ab:	Rostock–Berlin	Rostock–Hamburg	Rostock–Stralsund	Rostock–Bad Doberan	Rostock–Tribsees
15.05.39	3 D 2 E 4 P	4 D 2 E 7 P	2 D 3 E	1 D 14 P	5 P
01.04.40	1 D 2 D* 2 E* 3 P 2 P*	1 D 1 D* 1 E*	1 D 1 D* 1 E*	1 D* 6 P 4 P*	3 P 1 P*
06.10.40	1 D 1 D* 1 P 1 E 3 P 1 P*	1 D 1 D* 1 SFD	1 D* 1 SFD 6 P	6 P 3 P*	3 P 3 P*
03.07.44	2 DmW 1 DmW* 1 SFR	1 DmW 1 EmW 1 P 1 P*	1 DmW 1 EmW 6 P	7 P	6 P 1 P*

Zeichenerklärung:
D = D-Zug; mW = mit Wehrmachtsanteil;
E = Eilzug; SFD, SFR = Schnellzug für Fronturlauber;
P = Personenzug; * Zug fährt nur auf besondere Anordnung

Nachdem bereits Ende 1940 mit dem Bau des ersten Hochbunkers Rostocks begonnen wurde, folgten im folgenden Jahr noch weitere Bauten dieser Art. Auch die Reichsbahn baute einen Bunker unmittelbar am Hauptbahnhof, der vor allem dem Schutz der Reisenden und auch den Bewohnern der umliegenden Straßen dienen sollte. Der Bau des sogenannten Reichsbahnbunkers begann im November 1942. Der Bunker wurde nie komplett fertig gestellt, konnte aber mit Beendigung des ersten Bauabschnittes am 21.10.1943 trotzdem bereits zum Schutz der Bevölkerung benutzt werden. Auf dem Bunkerstandort in der Herweghstraße befindet sich heute das InterCity-Hotel. Ein Bunker für die Eisenbahner auf dem Hauptbahnhof wurde im Keller des Empfangsgebäudes und unter dem Bahnsteig 8 eingerichtet.

Ebenfalls in die Zeit des Zweiten Weltkriegs fällt das Ende der Viergelindenbrücke. Über den genauen Hergang der Zerstörung

Nach dem Bombenangriff von 1942 bot sich im Bw Rostock dieses Bild der Verwüstung.
Aufnahme: Kulturhist.Museum Rostock, Slg. Schultz

gibt es verschiedene Annahmen. Neben der Vermutung, dass sie bei einem Bombenangriff stark beschädigt wurde, gibt es die Überlieferung, dass die Brücke von einem Zug stark beschädigt wurde. Danach fuhr am sehr nebligen Abend des 7. November 1944 ein Übergabezug vom Stadthafen in Richtung Güterbahnhof. Durch die kriegsbedingte Verdunkelung war kaum etwas zu sehen. Die Zuglok fuhr Tender voran gegen die noch geschlossene Brücke. Während der Heizer sich durch einen Absprung retten konnte, kam für den Lokführer, der noch eine Schnellbremsung einleitete, jede Rettung zu spät. Er wurde durch den Tender, der zusammengedrückt wurde, zerquetscht und erlitt durch gerissene Dampfrohre Verbrennungen. Der ebenfalls auf der Lok befindliche Rangiermeister überlebte, da er sich auf den Fußboden des Führerstandes legte. Die Brücke ist anschließend nicht mehr aufgebaut worden.

Kriegszerstörungen

Rostock war wegen seiner Kriegsindustrie (Heinkel- und Arado-Flugzeugwerke, Neptun-Werft) extrem luftkriegsgefährdet. In der Nacht vom 23. zum 24.April 1942 fand der erste Angriff durch britische Bomber statt, der sich aber nicht nur auf die Industrie, sondern vor allem auf die Wohnzentren erstreckte. Die Heinkel-Werke trugen kaum Schäden davon. Auf dem Hauptbahnhof fielen Spreng- und Brandbomben. Ein Güterzug wurde durch Sprengbomben beschädigt. Durch die Beschäftigten der DRB wurde der Bahnhof nach Brandbomben abgesucht, wobei noch mehrere brennende Personenwagen abgelöscht werden konnten. Auf dem Güterbahnhof löschten die Angehörigen die Brandbomben. Mit einfachen Handspritzen gelang es, das brennende Dach des

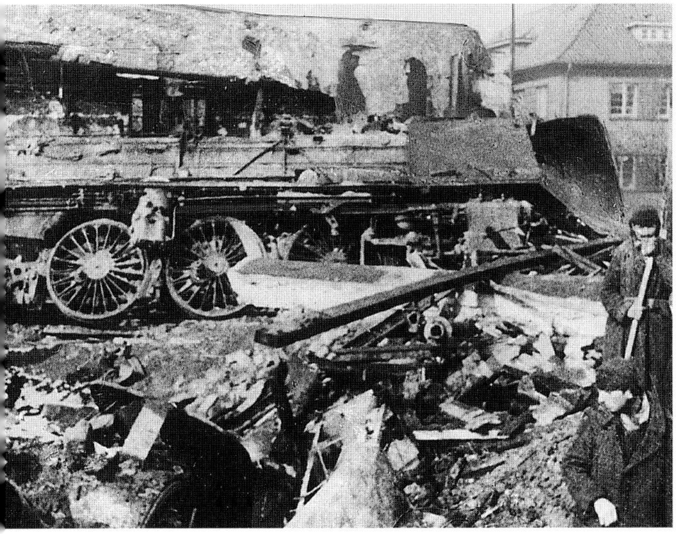

Güterbahnhofes zu retten. Drei brennende Güterwagen konnten abgelöscht werden, ein angeladener Kurswagen für Lübeck brannte aus, da kein Löschwasser mehr vorhanden war. Alle Wasserleitungen in Bahnhofsbereich waren zerstört worden.

In der Nacht vom 24. zum 25. April 1942 erfolgte ein weiterer Angriff. Die britischen Bomber überflogen im Tiefflug von etwa 100 m die Stadt. Beschäftigte der DRB gaben an, die Piloten in ihren Maschinen gesehen zu haben. Sobald die ersten Bomben auf den Hbf. gefallen waren, begannen die Lösch- und Rettungsarbeiten. Ein Packwagen, für Hamburg bestimmt, brannte völlig aus, da Schläuche und Hydrantenschlüssel in der Wagenwäsche verschlossen waren. Überall im Gelände verstreut brannten Brandbomben aus. Dazwischen schossen die Flugzeuge mit Bordwaffen. Die Werkküche wurde ohne größeren Schaden getroffen, dagegen brannte die Werkstatt Bm 1 wegen Wassermangels völlig aus. Der Packwagen vom E 42, der lichterloh brannte, wurde von Hand an eine Stelle verschoben, wo er ohne weiteres ausbrennen konnte. Der Dachstuhlbrand der Übernachtung im alten Stellwerk beim RAW konnte mit Hilfe des Löscheinsatzes der Lok 38 1074 gelöscht werden. Weiterhin kamen drei Lokomotiven aus dem Bahnbetriebswerk zum Löscheinsatz auf den Hauptbahnhof. Auf dem Güterbahnhof wurden durch die Bombeneinschläge Türen und Tore aus den Angeln gehoben. Nach diesem Angriff erklärten die Behörden in Rostock den Ausnahmezustand. Ohne besondere Genehmigung durfte kein Einwohner die Stadt mehr verlassen. Die DRB erhielt Weisung, keine Personen ohne Reisedringlichkeitsbescheinigung zu befördern. Fahrkarten nach Rostock gab es nur für Rostocker Einwohner.

In der Nacht vom 25. zum 26.4.1942 gab es erneut einen schweren Angriff. Mit einer Rangierlok konnte noch ein Güterzug mit 30 Achsen, der einen Munitionswagen mit sich führte, zum km 121 bei Dalwitzhof herausgebracht werden. Die Eilgutabfertigung auf dem Hauptbahnhof geriet in Brand. Die Reichsbahnbeschäftigten hatten im Tunnel Schutz gefunden und suchten später wegen des Qualms den Luftschutzraum im Keller des Mittelempfangsgebäudes bei Bahnsteig 8 auf. Dieser musste aber nach kurzer Zeit von allen Beschäftigten und Reisenden verlassen werden, da das Gebäude vom Dach her ebenfalls in Brand geraten war. Es wurde nun die Eilgutabfertigung geräumt, alle Güter wurden auf Bahnsteig 1,4 und 5 gestapelt. Mit einer Rangierlok konnten der P 120 und ein Bauzug aus der Nähe der Brandstelle gefahren werden. Beide Empfangsgebäude auf dem Hbf. brannten lichterloh. Zehn mit Gepäck beladene Handkarren konnten noch auf Bahnsteig 1 gefahren werden. Eintreffende Hilfsmannschaften brachten Gepäck und sieben Karren Übergangsgut ins Freie. Der neben dem Personentunnel gelegene Gepäcktunnel vom Vorempfangsgebäude zum Aufzug zwischen Bahnsteig 5 und 7 wurde ebenfalls beschädigt und lief voll Wasser. Die Kassenräume der Güterabfertigung konnten leergeräumt werden. Es gelang, sämtliche Geräte wie Buchungsmaschine und Schnellwaagen zu bergen. Die Geräte der Fahrkartenausgabe wurden fast vollständig gerettet. Sieben AEG-Fahrkartendrucker konnten auf den Bahnhofsvorplatz gebracht werden, die Fahrkartenschränke und zehn Stempelpressen wurden gleichfalls geborgen. Alle drei Bahnsteigkartenautomaten in der Vorhalle sowie die Tageseinnahmen wurden sichergestellt. Das Bw schickte Lokomotiven zum Löschen der Empfangsgebäude. Dadurch konnte das vollständige Ausbrennen der Empfangsgebäude verhindert werden. Aus vorliegenden Berichten ist ersichtlich, dass sich die Beschäftigten der DRB, darunter zahlreiche polnische Arbeitskräfte, tatkräftig für die Rettung der Betriebseinrichtungen eingesetzt haben. Während des Angriffes waren die Lokomotiven aus dem Bw als Lokzüge zur Sicherstellung auf die Strecke geschickt worden. Die Basa-Anlage war zerstört und musste durch eine fahrbare Anlage ersetzt werden, die innerhalb von vier Tagen betriebsbereit war. Die Handgepäckaufbewahrung arbeitete ab 27.4.1942 wieder, der Fahrkartenverkauf konnte am 28. April wieder aufgenommen werden. Nach rascher Schuttbeseitigung ging die Gepäckannahme am 11.5.1942 wieder in Betrieb.

Nach den Angriffen im April 1942 leiteten die Behörden eine teilweise Zwangsräumung der Stadt ein. Es gab ungefähr 100.000 Flüchtlinge und Evakuierte, die zum großen Teil die Bahn nutzen mussten. Insgesamt waren 1.845 Häuser zerstört, es gab 216 Tote, 200 Schwerverletzte und 500 Leichtverletzte. 130 Eisenbahnerfamilien mit 462 Personen waren vom Bombenkrieg betroffen. Zur Linderung der ersten Not baute die DRB auf dem Bahnhofsgelände Baracken für 130 Personen auf. 20 Eisenbahner fanden Unterkunft im Warnemünder Bahnhof. Am 27.7.1943, um 9.23 Uhr, gab es einen erneuten Angriff auf die Arado-Werke. Dabei wurde auch der Warnemünder Bahnhof getroffen. Unmittelbar am »Tunnelhaus« war ein D-Zug bombardiert worden, in dem es 14 Tote gab. Während eines Angriffes am 20.2.1944 erhielt das in der Neptun-Werft liegende Fährschiff »Schwerin« einen Bombentreffer, brannte aus und sank. Am 9.4.1944 war der Bahnhof Warnemünde erneut Ziel eines Angriffs.

Die Stadt Rostock erlitt am 11.4.1944 zwischen 10.07 Uhr und 11.43 Uhr wiederum einen Angriff. Kurz zuvor war auf Gleis 10 des Hbf ein Güterzug aus Stralsund eingefahren. Etliche Waggons waren mit Munition beladen. Auf dem Nebengleis gerieten während des Angriffs zehn Kesselwagen mit Fliegerbenzin in Brand. Übergreifende Flammen hatten auch Wagen des Güterzuges erfasst. Diese Wagen mussten per Hand verschoben werden, um sie abzulöschen. Ein Verschieben mit einer Rangierlok war nicht möglich, da durch Bombentrichter die betreffenden Gleise unterbrochen waren. Es gelang, die Munitionswagen zu sichern und damit noch größeren Schaden abzuwenden.

5. Das Kriegsende 1945

Am Mittag des 1. Mai 1945 nahm die Rote Armee die Stadt Rostock ein. Nachdem die Reichsbahndienststellen den Betrieb zunächst weitergeführt hatten, setzten sich viele Rostocker Eisenbahner gegen Mittag des 1. Mai mit einem Flüchtlingszug nach Bad Doberan ab. Der Zug wurde bei der Ausfahrt aus Rostock beschossen, es gab einige Leichtverletzte. Nach diesem Zwischenfall kam er unbehelligt bis nach Althof und nach kurzem Aufenthalt weiter bis Bad Doberan. Auf der folgenden Strecke bis Wismar standen noch etliche Züge, man spricht von acht bis neun. Trotzdem gelang es noch, alle in Bad Doberan wartenden Züge in Richtung Wismar abzulassen, bevor dann am 2. Mai auch Bad Doberan von der Roten Armee eingenommen wurde. In Bad Doberan stand ebenfalls der Hilfszug des Rostocker Hauptbahnhofes, in dem viele Eisenbahner aus Rostock wohnten.

In dieser Situation war die Rostocker Eisenbahn ohne Führung. Kurzerhand unterstellte sich die neue Stadtverwaltung den Eisenbahnverkehr. Doch dieser Zustand sollte nicht lange anhalten. Mit dem 8. Mai 1945 übernahmen die Alliierten die Macht in Deutschland. Auch die Eisenbahnen standen ab sofort unter der Aufsicht der Siegermächte. Damit hatte in Rostock jetzt die Sowjetische Militäradministration in Deutschland (SMAD) das Sagen. Nach einigen Wochen, in denen der Eisenbahnbetrieb in Rostock zwar sehr spartanisch, doch noch unbehelligt von den Besatzern ablief, saß Anfang Juni auf jedem Dienstposten Personal der sowjetischen Besatzungsmacht. Nichts ging mehr ohne deren Genehmigung. Ein Bericht des amtlichem Vertreters der Reichsbahn in Rostock vom Juni 1945 gibt uns Aufschluss über die damaligen Verhältnisse:

»Auf Bahnhof Rostock (Hbf - d.V.) sind z.Zt. an Russen vorhanden: 1 Wehrmachtskommandant, 1 Bahnhofskommandant, 1 Fahrdienstleiter, 1 Fahrmeister, 1 Bahnmeister, 1 Telegrafenmeister, 1 Bw-Vorsteher. Außerdem ein Vertreter des BA-Vorstandes. Daneben kommen und gehen täglich noch andere Kommandanten mit Sonderaufträgen. Eine einheitliche Befehlsgewalt besteht anscheinend nicht.«

Jede Zugfahrt, sogar jede Wagengestellung musste vorher von sowjetischer Seite genehmigt werden.

Hinzu kam der völlige Mangel an den grundlegendsten Dingen. Kohlen, Gas und Strom gab es nicht. Ein erheblicher Flüchtlingsstrom duchzog die Stadt. Das Verkehrswesen war zum Erliegen gekommen.

Unermüdlich begannen die Eisenbahner mit der Beseitigung der Schäden, um die Bahn wieder zum Rollen zu bringen. Es dürfte eine herausragende Leistung für die damaligen Verhältnisse darstellen, dass die meisten Ausbesserungen bereits nach wenigen Wochen abgeschlossen werden konnten.

Einzige Maßnahme, die nicht vollendet werden konnte, war der Wiederaufbau der Warnowbrücke bei Schwaan. Hierfür war seitens der Besatzungsmacht keine Genehmigung zu bekommen. Wahrscheinlich wusste man dort bereits vom bevorstehenden Abbau der Strecke Rostock–Schwaan.

Einen einigermaßen regelmäßigen Zugverkehr für die Bevölkerung gab es im Juni 1945 nur auf den Strecken Rostock Hbf–Warnemünde, Pasewalk–Stralsund–Rostock sowie Graal-Müritz–Röversḥagen–Rostock. Auf der letztgenannten Relation wurde oft mit Fahrzeugmaterial der Mecklenburgischen Bäderbahn AG bis Rostock durchgefahren.

Ab dem 12. Juni 1945 fuhren von Rostock aus auch wieder Züge nach Hornstorf, Sülze, Tessin, Plaaz und Ribnitz – jeweils ein Zugpaar pro Woche in jede Richtung. Teilweise mussten diese Fahrten wegen Mangel an Lokomotiven ausfallen.

Zu den eigentlichen großen Problemen der zerstörten Stadt kam ein erheblicher Flüchtlingsstrom. Nicht nur ehemalige Militärangehörige, sondern in zunehmendem Maße auch Flüchtlinge und Evakuierte aus den ostdeutschen Gebieten strömten herbei. Am 3. Mai 1945 geht man für das Gebiet Mecklenburgs von etwa 87.000 Flüchtlingen aus. Die Stadt Rostock wurde zum Zentrum des Flüchtlingsstroms, so dass die Stadtverwaltung rigorose Maßnahmen ergriff, um den Zustrom einzudämmen. Beispielsweise bat der Oberbürgermeister von Rostock den sowjetischen Stadtkommandanten am 18. Mai um die Einlegung von fünf Flüchtlingszügen. Davon sollten drei in Richtung Stettin und je einer nach Pasewalk und Eberswalde gehen. Auch der Abzug der ausländischen Zwangsarbeiter und Kriegsgefangenen aus Rostock konnte die Situation nur kurzzeitig entschärfen. Bis zum 19. Juni konnten etwa 3.600 Flüchtlinge mit Güterzügen nach Tribsees und Hornstorf gebracht werden, von wo aus sie dann auf anderem Wege weitertransportiert wurden.

In der Praxis wurde meist so verfahren, dass bei absoluter Überlastung der Stadt und ihrer Einrichtungen eine große Anzahl Flüchtlinge mit Räumzügen in Richtung Stralsund transportiert wurden.

Insgesamt geht man von schätzungsweise 9.000 Flüchtlingen aus, die im Sommer 1945 in Rostock ihr zeitweiliges oder bleibendes Quartier bekamen. Die Stadt Rostock selbst hatte damals etwa 60.000 Einwohner.

Bereits einige Wochen nach Kriegsende erhielt der Aufbauwille die ersten Dämpfer. Auf der Teheraner und der Jaltaer Konferenz hatten die Besatzungsmächte unter anderem festgelegt, die militärische Ausrüstung Deutschlands, die Schwer- und Rüstungsindustrie zu zerstören oder unter Kontrolle zu bringen sowie beschlagnahmte Wirtschaftsgüter für den eigenen Aufbau zu nutzen.

Auch die Eisenbahnen als Dienstleister der Militärs sowie der Rüstungsindustrie fielen unter diese Passagen. Die Sowjetunion hatte ihre Reparationsansprüche fast ausschließlich aus ihrer Besatzungszone zu befriedigen. Das bedeutete für die Eisenbahnen die Demontage von vielen Eisenbahnstrecken und zweiten Gleisen.

Im Rostocker Raum wurden bis Juni 1945 folgende Strecken abgebaut:

Rostock–Schwaan	beide Streckengleise demontiert
Bützow–Schwaan	komplett demontiert
Bf. Schwaan	Gleise 1, 2, 4, 5 demontiert
Plaaz–Lalendorf–Waren–Neustrelitz	komplett demontiert
Warnemünde–Rostock	ein Streckengleis demontiert

Doch nicht nur die Eisenbahn wurde demontiert. Auch in vielen Rostocker Betrieben wurden Maschinen und Ausrüstungsteile ausgebaut und nach Osten abtransportiert. Vor allem waren in diesem Zusammenhang die ehemaligen Rüstungsbetriebe der Stadt betroffen. Hier wurde alles, was nach den verheerenden Luftangriffen auf Rostock übrig blieb, demontiert. Selbst vor dem schrottreifen Fährschiff »Schwerin« machte man nicht halt. Erst nachdem alle brauchbaren Dinge für die Weiterverwendung in einem sowjetischen Passagierschiff ausgebaut waren, durfte die Fähre 1948 verschrottet werden.

In Rostock selbst konnte die angeordnete Demontage des Kraftwerkes Bramow verhindert werden, so dass die Stromversorgung für die Rostocker Wirtschaft und auch die Eisenbahnwerkstätten gesichert war.

Vor allem der Abbau der Strecke Rostock–Schwaan brachte zusätzliche Probleme bei der Realisierung der anstehenden Transportaufgaben mit sich. Beispielsweise war Berlin nur noch auf großen Umwegen zu erreichen (Rostock–Laage–Neubrandenburg–Neustrelitz–Berlin).

Neben den Flüchtlingen kamen nun auch die ersten Güterzüge mit Vertriebenen aus den nunmehr polnischen oder sowjetischen Gebieten des ehemaligen Deutschen Reiches. Um den unvermeidlichen Flüchtlingsstrom besser kanalisieren zu können, richtete die Stadt und auch der Landkreis Rostock eigene Abteilungen für das Flüchtlingswesen ein, die in der Nähe des Hauptbahnhofes ihren Sitz hatten. Auf dem Bahnsteig gab es eine Flüchtlingsberatungsstelle, die der erste Anlaufpunkt die für eingetroffenen Menschen war.

Mit dem Befehl Nr. 8 der SMAD wurde zum 1. September 1945 der Eisenbahnbetrieb wieder in deutsche Hände gelegt, doch in der Praxis bestimmte die Besatzungsmacht noch auf Jahre die Geschicke der Eisenbahnen.

6. Die Deutsche Reichsbahn in der DDR

Die Eisenbahn nach dem Krieg

Die Instandsetzung der im Krieg zerstörten Gleisanlagen und Hochbauten der Eisenbahn in Rostock zeigte sich als eines der kaum beherrschbar erscheinenden Probleme bei Betrachtung der Demontagen und sonstigen Kriegsverluste.

Die demontierte Strecke Rostock–Schwaan machte sich im Betrieb sehr störend bemerkbar, zumal der Rostocker Hafen steigende Umschlagszahlen aufwies. Am 4.4.1946 hatte ein Befehl der Sowjetischen Militäradministration Schwerin die »Aufnahme der normalen Tätigkeit der Seehäfen Warnemünde, Rostock und Wismar« gefordert. Im Jahre 1947 betrug der Umschlag bereits 922.000 t. Für 1948 war eine weitere Steigerung vorgesehen, die eine tägliche Gestellung von 800 Güterwagen erforderte. Aus diesen Gründen war die Strecke stets im Blickfeld der Rbd Schwerin geblieben. Bereits am 18.11.1946 wurde die Feststellung getroffen, dass auf der demontierten Strecke die noch nicht abgefahrenen Schwellen liegenbleiben, da mit einem Wiederaufbau gerechnet werde. Am 2.1.1947 erfolgte bereits ein Antrag auf Wiederaufbau bei der Hauptverwaltung der DR in Berlin. Der notwendige Oberbau sollte durch Abbau betriebsschwacher Strecken gewonnen werden. Am 13.1.1947 und in der Folge mehrfach wurde auf einer Direktionssitzung in Schwerin das Thema erneut aufgegriffen, da sich der Umschlag im Hafen Rostock nun als ein Schwerpunkt in der An- und Abfuhr herausbildete. Man rechnete beim Wiederaufbau der Strecke mit einer Einsparung von 1 Mio. Mark durch Wegfall der Umwegekosten. Es wurde vorgeschlagen, die Strecke Wittenburg–Zarrentin abzubauen, um das benötigte Oberbaumaterial zu gewinnen. Der Präsident der Rbd Schwerin verfasste einen Brief an die HV der DR und machte darin auf einige Umstände aufmerksam: Die Umwegestrecke Rostock–Wismar wird als Nebenbahn betrieben und besitzt Steigungen bis 1:90. Die Zugkreuzungen gestalten sich schwierig, da die Kreuzungsgleise zu kurz sind. Die Strecke Rostock–Plaaz–Güstrow hat ihre obere Leistungsgrenze mit 35 Zügen täglich erreicht. Züge mit mehr als 900 t müssen mit Vorspann gefahren werden. Zugtrennungen sind an der Tagesordnung. Zeitweise müssen Annahmesperren ausgesprochen werden. Der Oberbauzustand von Plaaz nach Priemerburg ist besonders schlecht. Die Strecke war ursprünglich nur für Personenzüge gedacht. Der Oberbau hat die Bauform F6 mit einer Achslast von 16 t, während die Lokomotiven einen Achsdruck von 17,7 t haben. Halbjährlich ist mit ungefähr 20 Schienenbrüchen zu rechnen. Die Wiederherstellung der Strecke erbrächte außerdem eine Einsparung von 18.300 t Briketts, gerechnet werde mit 1,5 Mio. Mark Aufbaukosten, die sich nach einem Betriebsjahr amortisiert hätten.

Am 2.2.1948 wird das Problem erneut aufgegriffen. Zusätzlich ergab sich eine Forderung nach einer neuen Nord-Süd-Verbindung über die Brandenburgische Städtebahn Neustadt/Dosse, Pritzwalk und Meyenburg.

Am 5.4.1948 ist die erste Hürde genommen. 895.000 Mark sind bewilligt und der Aufbau genehmigt worden. Am 19.4.1948 wird die Strecke Rostock–Schwaan in das Wiederherstellungsprogramm der DR aufgenommen. Das fehlende Oberbaumaterial ist von der HV der DR zu beschaffen.

Offiziell begann der Wiederaufbau am 13.7.1948. Moderne Gleisbaugeräte waren nicht vorhanden und Arbeitskräfte fehlten ebenfalls. Die damalige Kreisjugendorganisation der FDJ regte an, die fehlenden Arbeitskräfte durch Jugendliche zu ersetzen. Die Verantwortlichen der Rbd Schwerin waren davon allerdings nicht begeistert, mussten letztendlich aber zustimmen. Ab 2.8.1948 wurde die Strecke von Schwaan und Rostock aus wieder aufgebaut. Dem Aufruf der Jugendorganisation waren Jugendliche der Neptun-Werft, der Warnow-Werft, der Derutra und der Fagema gefolgt. Die Jugendlichen waren durchschnittlich 2 bis 3 Wochen im Einsatz. Auf jeder Baustelle waren 60 Arbeitskräfte, davon jeweils 20 Jugendliche, beschäftigt. Unterkunft gab es im Bauzugwagen sowie in Wohnheimen in Rostock. Ein zusätzliches warmes Essen wurde laut Befehl 234 der SMAD ausgegeben. Große Schwierigkeiten gab es aber bei der Beschaffung von Arbeitszeug und Arbeitsschuhen. Es hat Jugendliche gegeben, die bei dieser schweren Arbeit barfuß gearbeitet haben. Aber mit jugendlichem Elan wurden die Arbeiten erledigt. Verabschiedet nach ihrer Einsatzzeit wurden die Jugendlichen jedes Mal mit Kuchen aus Roggenschrot und Melassesirup. Diese Zutaten wurden irgendwie nebenbei »organisiert«.

Das benötigte Oberbaumaterial musste von den einzelnen Reichsbahndirektionen der sowjetischen Besatzungszone geliefert werden. Das Kleineisen war dabei mitzuliefern. Das Oberbauwerk Bützow war als Sammelplatz für die ankommenden Materialien bestimmt.

An Gleismaterial wurde im einzelnen geliefert:

Rbd Berlin	3.600 Meter
Rbd Cottbus	3.000 Meter
Rbd Dresden	500 Meter
Rbd Erfurt	200 Meter
Rbd Greifswald	700 Meter
Rbd Halle	1.000 Meter
Rbd Magdeburg	7.000 Meter
Rbd Schwerin	1.000 Meter
gesamt:	17.000 Meter

Die letzten 180 m Gleis wurden am 27.11.1948 eingebaut. Am 17.12.1948 konnte dann die Übergabe der Strecke erfolgen. Vom Rostocker Hauptbahnhof Gleis 4 fuhr um 11.10 Uhr ein Sonderzug mit Streckenarbeitern und Gästen ab. Zuglok war die ungarische Maschine 424.204, die sich im Betriebspark Schwerin befand. Funktionäre der Behörden und Offiziere der SMA Schwerin waren gleichfalls anwesend. Die Inbetriebnahme der Strecke wurde besonders von den Einwohnern der anliegenden Dörfer begrüßt, konnte man doch nun wieder nach Rostock fahren. An einen öffentlichen Busverkehr war damals noch nicht zu denken.

Von Rostock Hbf. bis Dalwitzhof war eine Geschwindigkeit von 30 km/h zugelassen. Von Dalwitzhof bis Pölchow ging es weiter mit 50 km/h. Im Bf. Pölchow war Gleis 2 noch nicht betriebsfertig. Die Strecke Pölchow–Schwaan war gleichfalls für 50 km/h zugelassen. Erst am 26.4.1949 konnte dann der Kreuzungsbahnhof in Pölchow in Betrieb gehen. Im gleichen Jahr wurde das Gleis nochmals durchgearbeitet. Den Wiederaufbau der Strecke von Rostock Hbf bis Dalwitzhof übernahm die Firma Lange aus Rostock, von Dalwitzhof bis Schwaan die Bau Union Rostock und die Gleisanlagen im Bf. Schwaan das Reichsbahnamt Güstrow. Gleichzeitig mit diesen Arbeiten wurde der Haltepunkt Huckstorf neu eingerichtet.

Vor der Verkehrsfreigabe des neuen Anschlussgleises von Bramow zum Stadthafen entstand diese Aufnahme am 01.04.1949 mit der Stadtprominenz und dem sowjetischen Bahnhofkommandanten (3.v.r.).
Aufnahme: Slg. Schwarz

Parallel dazu war die schrittweise Instandsetzung und Modernisierung des überwiegend veralteten Fahrzeugparks zu realisieren. Es gab auch keine Alternativen. Die im Zuständigkeitsbereich der Rostocker Dienststellen nach dem Krieg aufgefundenen Wagen und Lokomotiven wurden mühsam mit den verfügbaren Mitteln wieder aufgearbeitet oder ausgeschlachtet für die Aufarbeitung anderer Fahrzeuge. Fahrtüchtige Fremdfahrzeuge

Der Eröffnungszug von Schwaan nach Rostock steht abfahrbereit im Bf Schwaan am 17.12.1948.
Aufnahme: Archiv Schwerin, Slg Schultz

Der Lokschuppen des Friedrich-Franz-Bahnhofes von 1885 diente ab 1936 bis 1993 als Güterwagenreparaturbasis für den Rostocker Raum. Auch die handbediente 13,4 m Drehscheibe hat sich bis heute erhalten.
Aufnahme: Schultz

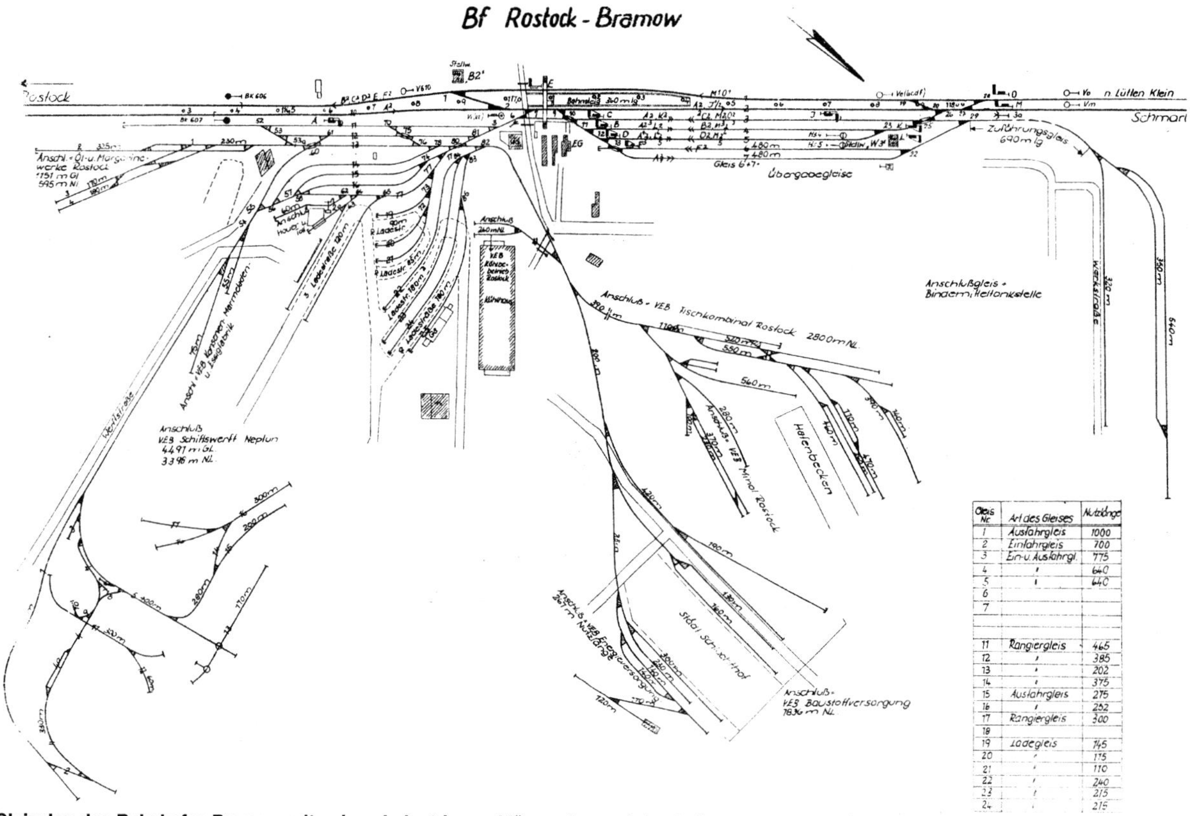

Der Gleisplan des Bahnhofes Bramow mit seinen Industrieanschlüssen kennzeichnet einen regen Ortsgüter- und Anschlußbahnverkehr.
Abb: Slg. Pfafferott

Gegenrichtung

121 r Rostock—Stralsund

km	Station															
	Schwerin (Meckl) Hbf 118 c	ab	...	...	...	...	...	...	...	*8.15*	...	...	*15.30*	...	...	...	...	...
	Wismar 119 c	ab	...	...	...	...	*5.09*	...	...	*9.45*	...	...	*16.22*	...	...	...	...	...
km	*RBD Schwerin*	Zug Nr Klasse		269 3.			271 3.			273 3.			E117 3. (Schwerin – Greifswald)			267 3.	287 3.	277 3.
0,0	**Rostock** Hbf	ab	...	...	...	...	7.35	...	...	12.28	...	...	**18.08**	...	...	18.35	20.15	...
7,9	Bentwisch		...	...	...	...	7.47	...	...	12.40	...	...	|	...	...	18.47	20.27	...
11,0	Mönchhagen		...	...	...	...	7.54	...	...	12.47	...	...	|	...	...	18.53	20.34	...
14,9	**Rövershagen** 121s		...	...	...	...	8.06	...	...	12.56	...	...	**18.25**	...	...	19.08	20.43	...
17,1	Schwarzenpfost		...	...	...	...	8.11	...	...	13.01	...	...	|	...	...	19.13	20.48	...
19,5	Gelbensande		...	...	...	...	8.17	...	...	13.07	...	...	|	...	...	19.18	20.56	...
23,8	Altheide (Meckl)		...	...	...	...	8.24	...	...	13.14	...	...	|	...	...	19.25	21.04	...
29,3	**Ribnitz**	an	...	...	...	...	8.31	...	...	13.21	...	...	**18.39**	...	...	19.32	21.11	...
		ab	...	...	...	...	8.36	...	...	13.28	...	...	**18.41**	...	...	19.42	...	...
32,9	Damgarten 125 d		...	...	...	...	8.44	...	...	13.36	...	...	|	...	...	19.50	...	...
38,6	Altenwillershagen		...	...	...	...	8.53	...	...	13.48	...	...	|	...	...	19.59	...	...
44,2	Langenhanshagen		...	...	...	...	9.01	...	...	13.56	...	...	|	...	...	20.07	...	...
47,8	Staatl Horst		...	...	...	...	9.13	...	...	14.03	...	...	|	...	...	20.14	...	...
50,1	Starkow		...	...	...	...	9.18	...	...	14.08	...	...	|	...	...	20.20	...	...
53,8	**Velgast** 121 q, 125 e	an	...	...	...	...	9.24	...	...	14.14	...	...	**19.04**	...	...	20.26	...	...
		ab	...	6.54	...	...	9.29	...	...	14.20	...	...	**19.06**	...	...	20.31	...	23.20
59,6	Kummerow (Kr Franzburg)	RBD Greifswald	...	7.03	...	...	9.38	...	...	14.29	...	...	|	...	...	20.41	...	23.30
62,6	Martensdorf		...	7.09	...	...	9.44	...	...	14.35	...	...	|	...	...	20.48	...	23.37
65,0	Pantelitz		...	7.14	...	...	9.49	...	...	14.40	...	...	|	...	...	20.54	...	23.43
72,3	**Stralsund** 121, 122, 125c	an	...	7.24	...	...	9.59	...	...	14.50	...	...	19.30	...	...	21.04	...	23.53
	Greifswald 122	an	...	...	...	...	*11.23*	...	...	*16.35*	...	...	**20.14**	...	...	**16.49**	...	...
	Berlin Stett Bf 121, 122	an	...	...	...	...	*19.10*	...	...	**21.07**	...	...	*10.02*	...	...	*10.02*	...	...

121 s Rövershagen—Graal-Müritz

Alle Züge nur 3. Klasse

...	...	*7.35*	*12.28*	...	*18.35*	...	...		ab	*Rostock Hbf* 121 r	an	...	...	...	*8.34*	*15.12*	*19.35*	...	...
		13	w 15		17			km	Zug Nr	*Mecklb Bäderbahn*	Zug Nr				12	w14	16		
...	...	8.20	w13.10	...	19.25	...	...	0,0	ab	**Rövershagen** Klb 121 r	an	...	...	...	7.40	w12.40	18.10	...	...
...	...	8.27	13.17	...	19.32	...	...	2,9		Hinrichshagen X		...	...	...	7.33	12.33	18.03	...	...
...	...	8.32	13.22	...	19.37	...	...	4,7		Georg-Schnelse X		...	...	...	7.28	12.28	17.58	...	...
...	...	8.40	13.30	...	19.45	...	...	8,2		Graal-Schwanenberg		...	...	...	7.21	12.21	17.51	...	...
...	...	8.45	w13.35	...	19.50	...	...	10,3	an	**Graal-Müritz**	ab	...	...	...	7.15	w12.15	17.45	...	...

Nach dem Krieg, 1946, ist dieser bescheidene Fahrplan in Kraft getreten.
Abb: Slg. Schultz

Ein Bild vom Bahnübergang Pütter Weg Ende der 50er Jahre. Die wärterbediente Schranke schützte die Zugfahrten nach Warnemünde, hier fährt ein Personenzug mit einer Lok der BR 38 aus dem Hbf aus.
Aufnahme: Slg. Schultz

sind in die Herkunftsländer zurückgeführt, andere verschrottet worden. Das lief in den Jahren bis 1948 ab. Nach diesem Programm begann die Reparatur der zum Erhalt vorgesehenen Lokomotiven und Wagen. Diese Phase dauerte bis etwa 1952, wobei durchaus Überhänge bis 1955 einzuordnen sind. Erst dann waren alle kriegsbeschädigten Fahrzeuge aus dem Blickfeld der Eisenbahn in Rostock und Umgebung verschwunden. So kam es durchaus vor, dass an einem Wagen preußischer Herkunft Achslagerdeckel von der ÖBB oder italienischer Herkunft zu finden waren. Internationale Normung machte es möglich. Aber bis zum Wirksamwerden der Modernisierungsprogramme in den Reichsbahnausbesserungswerken 1960 liefen im Bereich Mecklenburg-Vorpommern auch noch aufgearbeitete Wagen österreichischer, italienischer oder französischer Herkunft, die danach als Bauzugwagen oder Kulturraumwagen für Agitation und Propaganda der SED-Politik noch weitere Jahre ihres Daseins zubrachten.

Bis zu dieser Zeit liefen vereinzelt auch noch die Behelfspersonenwagen der Jahre 1944/45 im Nebenbahnnetz. Leider legt kein Bild davon Zeugnis ab, es herrschte ja totales Fotografierverbot. 1958 begann die DR mit ihrem »Reko-Wagen«-Programm. Dafür wurde das Reichsbahnausbesserungswerk Halberstadt profiliert. Merkmale dieser ab 1960 in Großserie gebauten Wagen war die Verwendung der alten Fahrgestelle der Länderbahn-Personenwagen mit einem Neuaufbau des Wagenkastens und der Inneneinrichtung. Bis 1969 sind damit alle zwei- und dreiachsigen Personenwagen der früheren Länderbahnen ausgetauscht, in diesem Falle rekonstruiert worden.

In Rostock kamen ab Sommerfahrplan 1960 auf der Relation nach Stralsund die ersten Wagen der Gattung Bag (Dreiachser) zum Einsatz. Dieser Fahrzeugtyp wurde mit Gepäck- und Postwagen ergänzt, so dass ab 1966 einheitliche Zugbilder mit modernen Wagen das Bild der Eisenbahn bestimmten.

Parallel zu diesem Programm wurden im Raw Delitzsch die alten Oberlicht-Drehgestellwagen für den Schnellzugverkehr rekonstruiert. So bestimmten diese und Einheitswagen der 30er Jahre das Bild der Züge im Fernverkehr. Echte Neubauwagen waren in dieser Zeit die vier vierteiligen Doppelstockeinheiten für den Vorortverkehr nach Warnemünde. Mit dem Aufbau der Wohnsiedlungen im Nordwesten der Stadt erhöhte sich dann diese Zahl kontinuierlich. Ab 1967 kamen als Ersatz für die noch weitläufig anzutreffenden vierachsigen Abteilwagen aus Halberstadt die vierachsigen Reko-Wagen, die dann das Zugbild einer ganzen Epoche mit bestimmen sollten. Sie waren Neubauten, als Ersatzbeschaffungen wurden sie eingestuft in die Gattung »Bghw« und in Zügen des Nah- und Fernverkehrs gleichermaßen verwendet. Die Höchstgeschwindigkeit betrug bei diesem Typ 120 km/h, während die Dreiachser nur für maximal 90 km/h zugelassen waren. Für den Städteexpress-Verkehr nach Berlin und den internationalen Verkehr sind 1976 in Rostock in begrenzten Stückzahlen Neubauwagen der Gattung Bme zum Einsatz gekommen. Zwischen Rostock und Magdeburg über Schwerin bestimmten auch zwei Zugpaare mit zwei fünfteiligen Doppelstock-Gliederzügen das Bild im Reiseverkehr. Diese Massentransporter konnten abschnitts-

In den 50er Jahren dominierten die Abteilwagen. Den Menschen sah man die entbehrungsreiche Zeit an.
Aufnahme: Slg. Schultz

weise nur mit verminderter Höchstgeschwindigkeit fahren, da einige Bremsprozente bei voller Besetzung fehlten. Rostocker und später Wittenberger Lokomotiven der BR 01 bespannten diese Züge. Der Fortschritt bei diesem Wagentyp wurde daran gemessen, dass sie nur 203 kg Sitzplatzgewicht und 1228 Sitzplätze im Zug aufwiesen. Diese Züge wurden über Jahre hinweg noch ergänzt mit Buffet- und Gepäckwagen in einheitlicher Bauart. Für diese Zuglängen reichte in Rostock der Bahnsteig 3 gerade so aus (in Schwerin standen die letzten Wagen in der Weichenstraße). Diese mit unbequemen Sitzen für längere Fahrstrecken ausgestatteten Wagen sind nach 1980 durch neu gebaute Wagen mit zwei Mitteleinstiegen der Gattung Bmhe ersetzt worden. Der Sitzkomfort war wesentlich höher. Diese Wagen wurden von der DB AG ab 1994 für den Nahverkehr noch modernisiert und laufen in Regionalzügen. Bis zur Wende 1989 war das der Wagentyp, der das Bild der Züge im Reiseverkehr prägte. Ab 1986 kam die Variante mit Seitengang und 10 Abteilen für den Schnellzugverkehr in den Einsatz. Mit 26,4 m Länge entsprachen diese Wagen dem Standard der Zeit.

Im S-Bahn-Verkehr vollzog sich nach 1988 eine Wandlung im Wageneinsatz. Die blau-weißen Doppelstock-Verbundeinheiten hatten mit über 30 Jahren Betriebseinsatz auch ein beträchtliches Alter erreicht. Ablöser waren die Doppelstock-Einzelwagen mit niedrigerem Einstieg in braun-beiger Farbgebung geworden. Neuer Sitzkomfort, bequemer Einstieg, bessere Geräuschdämmung, Klimatisierung der Fahrgasträume und elektrische Türschließeinrichtungen erhöhten die Attraktivität im S-Bahn Verkehr wesentlich. Nach 1992 sind diese Wagen im Innenraum modernisiert und farblich den DB Nahverkehrszügen angepasst worden. Die Steuerwagen wurden ab 1994 durch Neubauten aus dem Görlitzer Waggonbau ersetzt, die äußerlich am neuen Lichtraumprofil, an der neuen Stirnseite in abgeschrägter Front und am Vorhandensein eines 1. Klasse-Abteiles erkennbar sind.

Das heutige Bild der Nahverkehrszüge entspricht der Konzeption des Bereiches DB Regio und wird sich künftig immer mehr zum Rot vereinheitlichen. Im Jubiläumsjahr der Rostocker Eisenbahn sollen auch die ersten neuen Triebzüge im Regionalverkehr in roter Farbgebung das Bild der Züge bestimmen. So wird der Städteexpress nach Kiel in seiner heutigen Zugbildung mit Lok BR 234 bzw. 218 und Nahverkehrswagen auch bald Geschichte sein und von moderneren Fahrzeugen abgelöst werden. Seit 1996 verkehren auf der Relation Wismar–Rostock und Rostock–Graal-Müritz die ersten Nahverkehrstriebzüge der BR 628. Seit dem Fahrplanwechsel am 30. Mai 1999 verkehren sie auch auf der wiedereröffneten Strecke nach Tessin.

Mit Komfort und Pünktlichkeit wird die Eisenbahn wieder an Akzeptanz gewinnen, die sich in stärkerer Nutzung widerspiegeln wird.

Seien wir uns an dieser Stelle bewusst, dass die Eisenbahn auch in Rostock momentan einem Wandlungsprozess unterliegt, der in seiner Komplexität und Größe nicht mit bisherigen Entwicklungsstufen vegleichbar ist.

Neue Stellwerkstechnik für mehr Leistung und Sicherheit

Bereits unmittelbar nach 1950 begann man sukzessive mit der Erneuerung der Stellwerks- und Signalanlagen im gesamten Bereich der Rbd Schwerin. Nachdem in den Anfangsjahren das Hauptaugenmerk auf der schnellen Instandsetzung kriegszerstörter Anlagen lag, wurde bald auch mit der Modernisierung begonnen. Im Bereich der Rbd Schwerin wurden zwischen 1949 und

Der »Neptun-Expreß« verläßt im Sommer 1977 den Bahnhof Warnemünde zu seiner Fahrt nach Berlin Ostbahnhof. Als Vorspann vor dem 3-Wagen-Zug fuhr eine Lok der BR 118 bis Rostock.
Aufnahme: Schultz

Ein Bild vom früheren Bahnhof Schmarl vor dessen Stillegung im September 1974. Am Bahnsteig 1 ist ein Personenzug von Warnemünde nach Rostock eingefahren.
Aufnahme: Horstmann

Ein Transitgüterzug von Güstrow nach Warnemünde vor dem Panorama des Stadtteiles Evershagen 1980. Zuglok ist eine BR 50.35.
Aufnahme: Schultz

1969 etwa 35 Prozent aller Stellwerke modernisiert oder neu errichtet.

In Rostock selbst wurde diese Entwicklung erst Ende der 60er Jahre aktuell. Noch Mitte der 60er Jahre bestanden auf dem Rostocker Hauptbahnhof die drei zwischen 1920 und 1924 errichteten Stellwerke der Bauart Stahmer (W1, B2 und W3). Weiterhin existierte noch der Posten 72 für die Bedienung der Schranken an der Schwaaner Landstraße und einiger Weichen an der Bw-Einfahrt. Damals umfasste der Rostocker Hbf 13,4 km Gleise und 183 Weichen. Die Stellwerksanlagen waren bereits so stark verschlissen, dass seit mehreren Jahren die Signalabhängigkeit aufgehoben war und nicht wiederhergestellt werden konnte. Die selbsttätige Gleisfreimeldeanlage war seit dem Krieg unbrauchbar, so dass die Aufsicht an den Bahnsteigen per Hand freimelden musste. Auch die nicht mehr gegebene Erweiterbarkeit der Stellwerke auf weitere Fahrstraßen sowie neue Weichen und Gleissperren ließen eine grundlegende Erneuerung der Sicherungsanlagen immer dringender werden.

Schließlich wurde im Jahre 1968 mit dem Bau eines neuen Stellwerkes begonnen, welches als zentrales Gleisbildstellwerk für den gesamten Bereich des Hauptbahnhofes zuständig sein sollte. Noch während der Hochbauarbeiten kam der Befehl des Ministers für Verkehrswesen vom 5.2.1968 über die Herrichtung einer linienförmigen Fernsteuerung zwischen Rostock und Waren/Müritz. Diese sollte als Modellfall für weitere derartige Projekte dienen und zum 20. Jahrestag der DDR im Jahre 1969 fertiggestellt sein. Da für die Aufnahme der Fernsteuereinrichtungen keine geeigneten Räume zur Verfügung standen, wurde das im Bau befindliche Stellwerk im Hauptbahnhof kurzerhand um ein Stockwerk erhöht.

So entstand ein viergeschossiges Gebäude mit folgender Aufteilung:

Erdgeschoß:	Maschinen-, Batterie-, Schalt-, Kabelräume
1. Etage:	Relaisraum für Gleisbildstellwerk und Werkführerraum
2. Etage:	Zentrale der Streckenfernsteuerung
3. Etage:	Fernmeldebetriebsräume
4. Etage (Turm):	Raum für Fahrdienstleiter Hauptbahnhof

Ein Blick aus dem Bahnhofshotel auf den Bahnhofsvorplatz im Jahre 1980. Links ist die Fußgängerbrücke zur Südstadt zu sehen.
Aufnahme: Schultz

Gleichzeitig wurde der Neubau für die Umrüstung von Form- auf Lichtsignale sowie die grundlegende Erneuerung der Fernmeldetechnik genutzt.

Das zentrale Gleisbildstellwerk steuerte bei Inbetriebnahme 43 Lichthauptsignale, 41 Rangiersignale und etwa 100 Stelleinrichtungen für Weichen bzw. Gleissperren. 190 Zugfahrstraßen und weitere Rangierfahrstraßen waren einstellbar.

Mit einbezogen in den Stellbereich und ferngesteuert wurden die Blockstelle Klement-Gottwald-Straße sowie die beiden Abzweigungen Warnowbrücke Ost und West. Im Abschnitt Klement-Gottwald-Straße–Rostock-Bramow schuf man einen automatischen Streckenblock mit drei Blockabschnitten.

Weiterhin mussten Anpassungen an die benachbarten mechanischen Stellwerke in Rostock Gbf, Kassebohm, Dalwitzhof, Rostock-Bramow und Groß Schwaß vorgenommen werden.

Im Jahre 1974 komplettierte man die Fernsteuerung durch die Inbetriebnahme einer Prozessrechenanlage. Der Probebetrieb wurde am 7. Oktober 1974 aufgenommen. Nun konnten von Rostock aus auf dem Streckenabschnitt Rostock–Waren/Müritz insgesamt 108 Weichen und 107 Signale ferngesteuert werden. Bei Fernsteuerbetrieb waren elf von 18 Bahnhöfen auf der Strecke unbesetzt oder nur zeitweise besetzt.

Im Zuge des zweigleisigen Ausbaus nahm man die Fernsteuerung wieder außer Betrieb. Angeblich sollte diese nur für die bestmögliche Auslastung der eingleisigen Abschnitte sorgen. Endgültig brachte die Elektrifizierung in den 80er Jahren das »Aus« für die Fernsteuerung. Die notwendigen Anpassungsmaßnahmen der elektrischen Steuerleitungen auf Grund der Induktionsströme durch die Fahrleitung wollte man nicht mehr aufbringen, so dass die Anlage ausgebaut wurde.

Weitere Neuerungen waren die Einführung des Rangierfunks, die Abfertigung der S-Bahn per Sprechfunk sowie die Inbetriebnahme einer Zugnummermeldeanlage im Hauptbahnhof.

Streckenneubau und -ausbau

Bereits Ende der 70er Jahre begann man in Poppendorf bei Rostock mit dem Aufbau eines neuen Düngemittelwerkes. Der Standort wurde im Hinblick auf die günstige Anbindung zum Überseehafen hier gewählt. Von Anfang an war auch der Bau einer Anschlussbahn zum Werk geplant. Bereits 1978 ist das Anschlussgleis vom Bahnhof Bentwisch aus entstanden, um Baustofftransporte durchführen zu können.

Im Jahre 1981 wurde mit dem Bau der 7,5 km langen Strecke von Bentwisch nach Poppendorf begonnen. Von Anfang an war diese Strecke nicht nur für den Güterverkehr konzipiert, sondern sollte auch der Beförderung der Arbeitskräfte des Chemiewerkes dienen. Eröffnet wurde die Strecke am 2. August 1982, einen Tag später fuhr der erste Personenzug. Damals arbeiteten bereits 1.200 Menschen im noch im Aufbau befindlichen Werk, etwa noch einmal so viele waren bei den Bauarbeiten eingesetzt. Für die Werkspersonenzüge gab es am Westrand des Werkbahnhofes zwei Stumpfgleise mit Mittelbahnsteig. Anfang der 90er Jahre reduzierte das Werk die Beschäftigtenzahl rapide. Von den 2.000 Beschäftigten des Jahres 1989 waren 1997 noch ganze 250 vorhanden, so dass die Werkspersonenzüge immer leerer wurden. So wurde zum 31. Dezember 1993 der Personenverkehr eingestellt.

Die größte Bedeutung hatte aber von Beginn an der Güterverkehr. Anfangs konnte die Trasse noch zur Anfuhr von Baumaterialien genutzt werden, dann diente sie dem Transport von Rohstoffen und Verarbeitungsprodukten.

Im Jahre 1984 wurde ein Gleisbildstellwerk auf dem Werkbahnhof eröffnet, das damals zu den modernsten Stellwerken in der DDR zählte.

Mit Beginn der 80er Jahre wurde verstärkt in den S-Bahn-Verkehr von Rostock investiert. Wichtigste Maßnahme war die Eröffnung des Haltepunktes Holbeinplatz am 6. Oktober 1983. Hierzu war im Vorfeld die Verschwenkung eines Gleises und ein Brückenneubau für die neue Straßenbahntrasse neben der Straße notwendig. Gute Umsteigemöglichkeiten zum städtischen Nahverkehr sowie der Berufsverkehr zur nahegelegenen Neptun-Werft und weiteren Betrieben führten zu einer starken Frequentierung dieses Haltepunktes.

Mit dem nach 1983 beginnenden Neubau großer Wohngebiete im Nordosten wurden erste Ausbaumaßnahmen für eine spätere Aufnahme des S-Bahnbetriebes bis zum Überseehafen vorgenommen. Vom Stellwerk B 11 (an der Hinrichsdorfer Straße) bis zum Haltepunkt Rostock Seehafen Nord wurde eine neue Fahrstraße für die Personenzüge geschaffen.

Die elektrische Fahrleitung erreicht Rostock

Durch die Verteuerung des Erdöls Ende der 70er Jahre wandte sich die DR von dem jahrelangen Trend zur Dieseltraktion ab und begann mit dem Fünfjahresplan 1981-85 ein großangelegtes Elektrifizierungsprogramm. Erstes Ziel war der Anschluss Berlins an das mitteldeutsche elektrische Netz. Anschließend wollte man die Fahrleitung weiter in Richtung Norden vortreiben, wobei vorrangig der Überseehafen Rostock angeschlossen werden sollte.

In Plänen aus dem Jahre 1980 für die Elektrifizierung der Strecke Berlin–Rostock ging man davon aus, dass einem Investitionsvolumen von 590 Millionen Mark eine jährliche Betriebskosteneinsparung von 108,6 Millionen Mark gegenüberstünde. Somit hätte sich die Elektrifizierungsmaßnahme nach 5,6 Jahren amortisiert. Großes Schlagwort war damals die Einsparung von Dieselkraftstoff, die hier auf mindestens 44.300 Tonnen geschätzt wurde.

In diesem Zusammenhang sei auch an das Wiederaufleben der Dampftraktion in Rostock erinnert. Nachdem das Bw Rostock bereits 1977 »dampffrei« meldete, kamen im Herbst 1982 wieder zwei Lokomotiven der Baureihe 50 nach Rostock: 50 3534 und 3691. Hauptaufgabe war das Vorheizen von S-Bahnzügen in Warnemünde während der Heizperiode.

Im Frühjahr 1983 erreichte die erste Elektrolokomotive Berlin. Mittlerweile liefen auch an der Strecke Berlin–Rostock die Elektrifizierungsarbeiten mit Hochdruck. Bereits am 25.11.1982

1985 herrschte im Bw Rostock vor der Elektrifizierung meist eine heillose Enge im Betriebsablauf. Dieses Bild vom Dach der Werkstatt kündet davon.
Aufnahme: Wilhelm

Inbetriebnahmedaten von elektrifizierten Streckenabschnitten auf der Strecke Berliner Außenring–Rostock und im Großraum Rostock

15.12.1983	Birkenwerder (BAR)–Oranienburg–Löwenberg	25 km
11.04.1984	Löwenberg–Gransee	12 km
21.05.1984	Gransee–Fürstenberg	22 km
02.06.1984	Fürstenberg–Neustrelitz–Adamsdorf	28 km
27.10.1984	Adamsdorf–Kargow	23 km
15.12.1984	Kargow–Waren/Müritz	6 km
30.04.1985	Waren/Müritz–Langhagen	25 km
18.05.1985	Langhagen–Güstrow–Rostock Hbf	63 km
23.11.1985	Rostock Hbf–Rostock-Bramow	5 km
	Rostock Hbf–Rostock Gbf	2 km
	Rostock Hbf–Rostock Seehafen	13 km
14.12.1985	Rostock-Bramow–Warnemünde	8 km
15.12.1985	Lalendorf -Kavelstorf–Rostock Seehafen	49 km
	Kavelstorf–Abzw. Dalwitzhof–Rostock Hbf / Rostock Gbf	12 km
	Priemerburg–Plaaz	10 km
12.04.1986	Schwaan–Bützow	14 km
	Güstrow–Bützow–Bad Kleinen	53 km
	Rieckdahl–Bentwisch	7 km
30.05.1986	Bentwisch–Poppendorf	5 km
02.06.1991	Bentwisch–Stralsund	64 km

wurde bei Schwaan der erste Fahrleitungsmast in der Rbd Schwerin aufgestellt.

Bereits im Vorfeld der Elektrifizierung mussten vielfältige Anpassungsarbeiten durchgeführt werden. Das Dalwitzhofer Kreuzungsbauwerk wurde angehoben, auch einige Fußgängerbrücken an der S-Bahn waren anzupassen. Die wohl hervorstechendste Veränderung für das Rostocker Stadtbild war der Abbruch des »Tunnels«, der Durchfahrt durch das ehemalige Warnemünder Empfangsgebäude.

Doch auch die Dampftraktion bekam durch die Elektrifizierung noch einmal Arbeit. Im Winter 1983/84 stellte das Bw Rostock täglich eine 50^{35} zur Bespannung eines Betonmischzuges, die für die richtige Temperatur des flüssigen Betons zum Fundamentgießen zu sorgen hatte.

Als erster von einer Elektrolokomotive gezogene Zug erreichte am 18. Mai 1985 um 2.46 Uhr der D 328 Berlin–Rostock–Kopenhagen den Rostocker Hauptbahnhof.

Als offizieller Eröffnungszug verkehrte an diesem Tag der Staatszug mit der 243 042 des Bw Dresden. Als D 21120 traf er um 10.22 Uhr von Berlin kom-

Die Lok 132 400 in ihrer Heimatdienststelle Rostock. Der Lokschuppen weist 1986 noch immer den provisorischen Instandsetzungsstand von 1944 auf.
Aufnahme: Thies

Im Frühjahr 1985 beginnen die Fahrleitungsarbeiten für den elektrischen Zugbetrieb auf der S-Bahn Strecke nach Warnemünde. Während der Bauzeit herrscht stundenweise eingleisiger Betrieb. Im Hintergrund die Silhouette des Stadtteils Lütten Klein.
Aufnahme: Schultz

mend auf dem Bahnsteig 8 des Rostocker Hauptbahnhofes ein. Als Fahrgäste waren neben dem Verkehrsminister Otto Arndt, weiteren Mitgliedern der Partei- und Staatsführung sowie Reichsbahn-Führungskräften auch einige ausgewählte Arbeiter eingeladen. Im Rostocker Hauptbahnhof angekommen, wurde nach einigen Reden eine Gedenktafel enthüllt, die auf den 750. elektrifizierten Kilometer seit dem X. Parteitag der SED hinwies. Mittlerweile war die Diesellok 132 184 vor den kompletten Zug gekuppelt, da anschließend weiter nach Lütten Klein gefahren wurde. Die Fahrgäste verließen dort den Zug und begaben sich zum Mittagessen in die Gaststätte »Varna« im Stadtteil Schmarl. Der Zug rollte weiter nach Warnemünde, wo er auch über die Mittagszeit stehenblieb. Somit dürfte die 243 042 auch die erste Elektrolokomotive in Warnemünde geworden sein. Gegen 15 Uhr fuhr der Zug zurück nach Berlin.

Mit dem Hubschrauber sind im Hbf und im Bf Überseehafen die Masten gesetzt worden, um Sperrzeiten weitestgehend zu vermeiden.
Aufnahme: Schwarz

Die elektrische Traktion charakterisiert die Rostocker Eisenbahn

Von nun an konnte man ständig Elektrolokomotiven in Rostock sehen. Erster Stammgast war die Baureihe 211 vom Bw Neustrelitz, die Schnellzüge von und nach Berlin bespannte. Alle anderen Zugarten verkehrten mit Diesel, so dass die Elektrolokomotiven noch die Ausnahme darstellten. Grund dafür war das noch nicht fertiggestellte Bahnstromwerk Rostock. Das Umformwerk Lalendorf, welches nun den gesamten Nordabschnitt versorgen musste, wäre bei weiteren Zugfahrten überlastet gewesen.

Diese Gedenktafel wurde nach der Eröffnung des elektrischen Betriebes nach Berlin an einem Fahrleitungsmast auf Bahnsteig 8 angebracht. Leider ist sie nach 1990 verschwunden.
Aufnahme: Wilhelm

Inzwischen war entschieden worden, in Rostock schwerpunktmäßig die damals nagelneue Baureihe 243 zu stationieren. Als erste Lokomotive erhielt das Bw Rostock Anfang September 1985 die 243 027 zur Personalschulung, sie war allerdings nur Leihlok vom Bw Dresden. Ende September 1985 waren dann bereits 243 057, 059, 063, 064, 066 und 069 in Rostock beheimatet. Mit der Inbetriebnahme der Fahrleitung im gesamten Knoten Rostock kamen bis Mitte Dezember die 243 028, 029, 035, 054, 068, 071, 074, 075, 076 dazu.

Ab jetzt wurde die elektrische Traktion zur Normalität, jedoch nicht zur vorherrschenden Traktionsart. Anfangs konnte man nicht einmal die S-Bahn komplett elektrisch fahren. Die Umläufe, die im Laufe des Tages Poppendorf anliefen, mussten weiterhin mit der Baureihe 118 fahren. Erst ab dem 30.05.1986 konnte auch hier komplett elektrisch gefahren werden. Kuriosum ist die zwischen Bentwisch und Poppendorf installierte Einfachfahrleitung für Geschwindigkeiten bis 50 km/h, im Sprachjargon der Eisenbahner auch »Straßenbahnfahrleitung« genannt.

Mit Inbetriebnahme des elektrischen Betriebes zwischen Bad Kleinen und Schwaan am 12.April 1986 wurde nun auch in diese Richtung mit Elektrolokomotiven gefahren. Der durchgehende elektrische Betrieb zwischen Magdeburg und Rostock konnte erst am 26. September 1987 mit Inbetriebnahme der neuen Elbbrücke in Wittenberge aufgenommen werden.

Als letzte elektrifizierte Strecke ging am 31.05.1991 Rostock–Stralsund in Betrieb. Damit sind die Elektrifizierungsarbeiten im Raum Rostock abgeschlossen. Weitere Projekte, wie die Elektrifizierung bis Bad Doberan hatten sich nach 1990 erledigt, da dieser Bahnhof durch erheblichen Rückgang an Reisenden keine Bedeutung als Zielort für Saisonschnellzüge mehr hatte.

Kurzfristig ist mit dem Rückbau der Fahrleitung zwischen Bentwisch und Poppendorf zu rechnen, nachdem bereits seit 1997 nur noch Diesellokomotiven die Übergabezüge bespannen. Die Strecke gehört ab Ausfahrt Bentwisch zur Werkbahn der Firma Hydro Agri, die sich die Vorhaltung einer so teuren Anlage wie einer Fahrleitung auf Dauer nicht erlauben kann.

Durch die Elektrifizierung waren im Bereich Rostock erhebliche Investitionen im Werkstatt- und Instandhaltungsbereich notwendig geworden.

Im Bahnbetriebswerk Rostock waren im Vorfeld die nötigen Voraussetzungen für Instandhaltungen an der E-Traktion zu schaffen. Hier sollten schwerpunktmäßig alle Elektrolokomotiven der Rbd Schwerin beheimatet werden. Die Schuppenstände 1 bis 5 wurden umgebaut und dienten fortan der Unterhaltung der elektrischen Lokomotiven.

Doch nicht alles konnte neu errichtet werden, vor allem in den ersten Jahren entstand so manches Provisorium. Das dies für den

Für die Sicherung des elektrischen Zugbetriebes ist 1986 das Bahnstromwerk Rostock bei Dalwitzhof in Betrieb gegangen. Es formte den Industriestrom mit 50 Hz auf Bahnstrom 16 2/3 Hz um und besaß die erforderlichen Schalteinrichtungen für die jeweiligen Streckenabschnitte.
Aufnahme: Schultz

Eisenbahnfreund manchmal auch sehr erfreulich sein kann, zeigt die Stationierung einiger Altbau-Elektrolokomotiven in Rostock. Dies wurde notwendig, da für das Vorheizen der Reisezüge mit E-Heizung keine stationären Trafos bereitgestellt werden konnten. So sorgten einige Veteranen der Baureihe 244 (E 44) fortan für Wärme im Zug. Die erste derartige Lok war die 244 134, liebevoll »Elfriede« genannt. Später waren dann auch noch 244 044 und 244 137 in diesen Diensten zu sehen.

In der Nähe des Kreuzungsbauwerkes Dalwitzhof entstand ein neues Bahnstromwerk. Hier wird der 50 Hz-Industriestrom in Bahnstrom mit einer Frequenz von 16 2/3 Hz umgeformt. Es wurde im Dezember 1985 in Betrieb genommen. Von hier aus werden der gesamte Knoten Rostock und die umliegenden Strecken versorgt.

Am gleichen Standort fand auch die Fahrleitungsmeisterei Rostock ihr Domizil. Ihr wurde als Oberleitungsrevisionstriebwagen der 188 200 zugewiesen, der nun ständig im Großraum Rostock zu sehen war.

Endlich zu Beginn der 80er Jahre konnte südlich des Bahnbetriebswerkes ein zentrales Heizkraftwerk errichtet werden. Von hier aus wurden alle Reichsbahndienststellen im Bereich Haupt- und Güterbahnhof mit Wärme versorgt. Getreu dem Motto »Öleinsparung« wurde es mit Kohle beheizt. Damit konnten viele dezentrale Heizeinrichtungen wie das am Hbf zwischen Gleis 1 und Reichsbahnamt stillgelegt werden. Auch der bis dahin noch übliche Einsatz von Dampflokomotiven für Heizzwecke entfiel nun.

1990 begann die Montage der neuen Warnowbrücken für den zweigleisigen, elektrischen Betrieb auf der Stralsunder Strecke bis zum Abzweig Rieckdahl.
Aufnahme: Schultz

Wendezeit

In den Jahren bis 1989 hatte die Eisenbahn eine ständig steigende Bedeutung im Transportwesen, in der es schwerpunktmäßig um Quantität ging. Mit der Reise- bzw. Transportgeschwindigkeit gab es weitreichende Probleme, die nicht bedarfsgerecht gelöst werden konnten.

Durch die politischen Umwälzungen in den Jahren 1989 und 1990 sollte sich dies bald ändern, obwohl es anfangs einen riesigen Ansturm von Reisenden gab. Bedingt durch die Grenzöffnung am 9.11.1989 strömten auch die Rostocker gen Westen. Die Verstärkungswagen reichten bei weitem nicht aus, um diesem Andrang gerecht zu werden. Alle zur Verfügung stehenden Wagen, auch S-Bahn-Wagen, fuhren in Richtung Lübeck.

Doch bereits nach 1990 ging der Reiseverkehr deutlich zurück. Der individuelle Autoverkehr begann sich durchzusetzen.

Schon 1990 setzte langsam der Niedergang der einheimischen Wirtschaft ein, der einen ungeahnten Rückgang im Güterverkehr einleitete. Der forcierte Lkw-Einsatz trug seinen Teil dazu bei. Der Rostocker Güterbahnhof fristete fortan ein Schattendasein, auch im Seehafen wurde es sehr ruhig. Werksbahnen und Anschlussgleise wurden geschlossen. Auch Bramow verlor an Bedeutung.

Während der Güterbahnhof mittlerweile geschlossen ist, rollt nach Bramow noch ein geringer Wagenladungsverkehr.

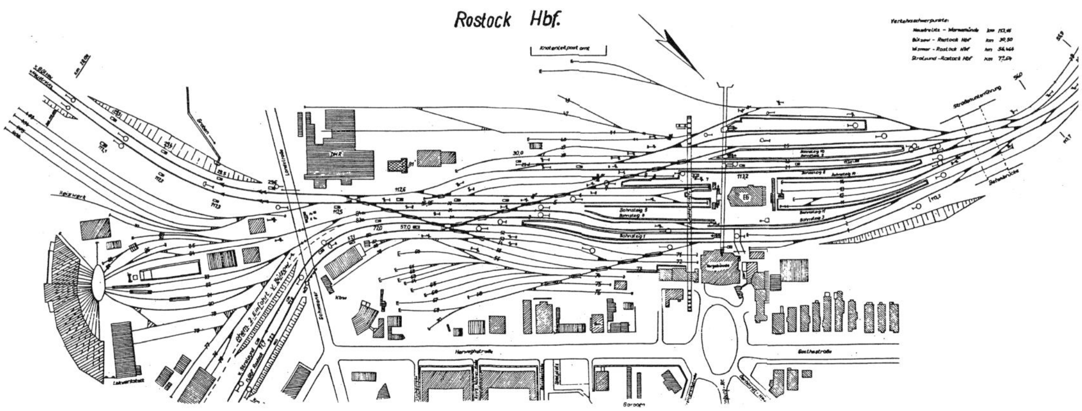

Bevor der große Umbau der Gleis- und Bahnsteiganlagen des Rostocker Hauptbahnhofes im Jahr 2000 beginnt, wollen wir die Situation des Gleisfeldes festhalten, wie sie von 1969 bis 1999 bestand.
Abb: Slg. Schultz

7. Gegenwart und Zukunft

Von der DR zur DB AG

Schauen wir noch einmal zurück: Die Deutsche Reichsbahn als Staatsbahn ist erstmalig zum 1. April 1920 gegründet worden. Am 30. August 1924 ist sie auf Betreiben der Siegermächte des Ersten Weltkrieges in die Deutsche Reichsbahn Gesellschaft umgewandelt worden. Mit Datum vom 10. Februar 1937 ist die Deutsche Reichsbahn per Gesetz wieder erstanden. Das Reichsbahn-Gesetz vom 01.01.1939 basierte auf dem Konzept von 1920. Über die Kriegsjahre 1939 bis 1945 hinaus blieb dieser Begriff »Deutsche Reichsbahn« erhalten. Das änderte sich erst mit dem Ergebnis des Krieges nach 1945 im westlichen Deutschland.

Die Deutsche Reichsbahn war Reichsvermögen und daran bediente sich die Sowjetarmee als Siegermacht in ihrem Besatzungsgebiet Ostdeutschland. Am 11. August 1945 gab es den hierzulande berühmt gewordenen Befehl Nr. 8 der sowjetischen Militäradministration zur Übergabe der Betriebsführung der Eisenbahn im besetzten Gebiet in die Hände des Volkes. Ab 1. September war der planmäßige Zugverkehr wieder aufzunehmen. Die Fahrzeuge im besetzten Land erhielten die Zusatzbezeichnung »USSR-Zone« bis 1954.

Mit Gründung der DDR am 07. Oktober 1949 und ihrer Verfassung wurde die Eisenbahn zum Staatseigentum erklärt. Die DDR distanzierte sich während der ganzen Zeit ihres Bestehens nicht vom Begriff »Deutsche Reichsbahn«. In ihrer Propaganda wurde sie als sozialistischer Großbetrieb geführt. Rechtliche und wirtschaftliche Gründe gaben den Ausschlag, den Namen beizubehalten. So blieb es bis zum Staatsvertrag beider deutscher Staaten am 18. Mai 1990. Ab 3. Oktober 1990 wurde sie Sondervermögen der Bundesrepublik Deutschland. Die Schuldenberge der Deutschen Bundesbahn waren zu diesem Zeitpunkt auf eine solche Größe angewachsen, dass neue Wege der Eisenbahnpolitik gesucht werden mussten. Die Lösung sollte eine Bahnreform bringen, die die Wandlung in ein Wirtschaftsunternehmen zum Ziel hatte. Die Umwandlung in eine Aktiengesellschaft wurde beschlossen. Mit dem Gesetz vom 27. Dezember 1993 wurde die alte DR zum Bundeseisenbahnvermögen der BRD erklärt. Auf der Grundlage der Gesetze wurden ab 1. Januar 1994 beide Bahnen in die »Deutsche Bahn Aktiengesellschaft« (DB AG) umgewandelt, wobei der Staat 100% Aktieninhaber blieb. Als erste Neustruktur wurden die Geschäftsbereiche Fernverkehr, Nahverkehr, Personenbahnhöfe, Netz und Cargo gebildet. Sie sollten mehr Transparenz in diese Bereiche bringen, um aus deren Erkenntnissen neue Maßnahmen für die zweite Etappe der Bahnreform ab 01.01.1999 ab-

Die alte Warnowbrücke der Tribseer Strecke hielt Heiko Thies 1988 im Bild fest. 1997 wurde sie gesperrt.
Aufnahme: Thies

Nach Einstellung des Fährbetriebes sind 1996 die Gleisanlagen und das Betriebswerk nördlich der Bahnsteiganlage in Warnemünde demontiert worden. Hier ein Blick vom Bahnsteig 4 in Richtung Fährbett 1999.
Aufnahme: Schultz

Rostock hat seinen Hilfszug als einzigen im Regionalbereich Schwerin behalten.
Aufnahme (1999): Schultz

leiten zu können. Den alten Bahnstrukturen sagt man eine Beamten-Bahn nach, was für den Bereich der ehemaligen DR absolut falsch ist. Im Rahmen der DDR-Volkswirtschaft war sie ein wirtschaftlich arbeitendes Unternehmen mit staatlichen Zielvorgaben, die die Eisenbahner mit hoher Effektivität zu erfüllen hatten. Danach wurden Löhne und Prämien berechnet.

Nach neuem marktwirtschaftlichen Verständnis kann eine Eisenbahn nur als wirtschaftliches Unternehmen (Aktiengesellschaft) Beförderungsaufgaben und Effektivität unter einen Hut bringen. So ist die Umwandlung der Deutschen Bahnen eine Folge des Denkens im Zeitgeist. Die Zukunft wird zeigen, wie das Ergebnis aussieht. Die Bahnreform ist für einen Zeitraum von zehn Jahren angelegt, die Hälfte der Zeit steht noch für die weitere »Gesundung« der Deutschen Eisenbahnen zur Verfügung. Die Personalstraffung wird auf jeden Fall neu durchdacht werden müssen, zieht man einige negative Erscheinungen der letzten Jahre in Betracht. Das kann einer absoluten Unfallvermeidung allerdings nicht gleichgesetzt werden.

Die Zerschlagung alter Leitungsstrukturen der Deutschen Reichsbahn geht einher mit dem Abbau von Tausenden von Arbeitsplätzen und der Gefahr, den organischen Zusammenhang des Unternehmens »Eisenbahn« aufzugeben. Es zeigt sich, dass Denken und Handeln der Eisenbahner nicht mehr auf die Komplexität der Eisenbahn ausgerichtet scheint; jeder sieht nur seinen von oberen Leitungsebenen begrenzten Arbeitsbereich. Die Übergangsphase der DB AG als ein Konzern vom 01.01.1994 bis 31.12.1998 sollte die Basis schaffen, dass neue, selbständige Geschäftsbereiche ab 01.01.1999 den Durchbruch in Effektivität und Transparenz bringen und dabei jeder Fahrgast mit Wettbewerbsvorteil befördert wird, analog jede Gütertonne. Die Zielstellungen sind definiert, aber das Ziel ist nur über einen Weg erreichbar, und der kann lang sein. So stehen die Festigung und Erhöhung der Marktanteile in den Verkehrsprozessen an erster Stelle unternehmerischer Tätigkeit. Mit den Ergebnissen steht und fällt auch der Erfolg und mit der Kostenfrage die öffentliche Akzeptanz. Das System Eisenbahn hat Zukunft, nur müssen die ihr eigenen Merkmale bei hohen investiven Aufwendungen wegen totaler Überalterung besser zum Wirken gebracht werden.

Noch ist nicht alles im Lot, der hohe Nachholbedarf im Geschäftsbereich Netz der Eisenbahn ist der Schwerpunkt. Einigkeit in den Auffassungen besteht in weiten Kreisen der Bevölkerung und der Wirtschaft darüber, dass nicht jede Nebenbahn erhalten werden kann. Auf bestandsorientierten Schienenwegen muss im Wettbewerb mit der Straße und dem Luftverkehr noch einiges getan werden, um die große Zielstellung zu erreichen. Das hat sich die DB AG vorgenommen und ihre Zielstellungen formuliert, die da heißen:

- Angebot an marktgerechten Lösungen für den Reise- und Güterverkehr mit hoher Zuverlässigkeit und Pünktlichkeit
- Angebote an Serviceleistungen rund ums Reisen
- Gewinnorientierte Unternehmensarbeit kompetenter, selbstbewußter, eigenverantwortlich handelnder Eisenbahner
- Einführung neuer Fahrzeuge und Technologien mit geringen personellen und materiellen Aufwendungen
- Kooperation mit der Wirtschaft, Forschung und Entwicklung zur Sicherung zukunftsweisender Mobilität

Wünschen wir dafür nach dem schwierigen Start gutes Gelingen!

Die Bahnreform mit den neuen Strukturen

DB Cargo (Güterverkehr)
DB Netz (Gleisanlagen und Sicherungstechnik)
DB Regio (Regionaler Personenverkehr),
DB Reise & Touristik (Personenfernverkehr) und
DB Station & Service (Entwicklung und Betrieb der Personenbahnhöfe)

ist ein längerfristig angelegter Prozess, sich flexibel im Wettbewerbsumfeld den Kundenwünschen anzupassen. Eigene Bilanzen sollen die Wirtschaftlichkeit jedes einzelnen Unternehmensbereiches herausstellen. Als Dienstleister für bahninterne Strukturbereiche wird die Bildung von Nachfolgeeinrichtungen

Im Sommer 1999 kommt der IC 708 mit einer Lok der BR 101 nach Rostock. Die Lok vor dem Steuerwagen war nicht einmalig. Foto bei der Einfahrt in den Rostocker Hbf.
Aufnahme: Schultz

im Anlagen- und Hausservice, der Versorgung durch Werkküchen als GmbH gehandelt. Fraglich im Sinne der Kunden ist, wie dabei entstehender Bereichsegoismus vermieden werden kann. Für den Kunden war und ist die Bahn »die Bahn«. Die Zukunftsbasis der Deutschen Bahn ist das Zusammenwirken der Bereiche zum Nutzen der Kunden.

Die von einer bekannten Hamburger Unternehmensberatung ausgearbeitete Empfehlung der Dienststellenstuktur für den Dienstort Rostock hat zur Bildung folgender Strukturbereiche geführt:

bisher	neu ab 1994
Bahnbetriebswerk (Bw) Rostock	Betriebshof des GB Traktion Werk Rostock des GB Werke Neu ab 1.01. 1999 : Aufteilung in GB Traktion der DB Regio
Hauptdienststelle Rostock Hbf	Netzbahnhof Rostock der NL Netz Schwerin NL Personenbahnhöfe Rostock und Zweigniederlassung des GB Fernverkehr Zweigniederlassung der DB Regio
Hauptdienststelle Rostock Seehafen	Cargo-Bahnhof der NL Schwerin Ab 1.01.1999 DB Cargo Cargo-Bahnhof Rostock

Rostock steht mit einer einmalig wertvollen Startposition an der Schwelle des neuen Jahrtausend mit dem endlich begonnenen Umbau des Hauptbahnhofes aus dem Jahr 1905. Er wird auf Interregio-Standard gebracht. Das 1993 eröffnete »Reisecenter« ist der erste Schritt gewesen.

In der Auslegung einzelner Projekte wird sich die Struktur widerspiegeln, die auch mit dem örtlichen Nahverkehr eine Verkehrsverbundlösung für die Kunden werden soll. Während diese Zeilen geschrieben und veröffentlicht werden, stecken die Umbauarbeiten in vollem Gange, ohne dass die endgültige Lösung erkennbar ist. Am Gelingen dieses Umbaus wird sich die Akzeptanz der öffentlichen, schienengebundenen Verkehrsmittel messen lassen müssen.

Leider gestaltet sich der Fernzugverkehr kontinuierlich rückläufig. Nach Wegfall der Zugverbindung Rostock–Leipzig wird eine weitere Ausdünnung des Zugangebotes zwischen Rostock und Berlin eintreten. Der gesamte Nord-Süd-Verkehr Deutschlands von Mecklenburg-Vorpommern ist schon auf den Zubringerverkehr nach Hamburg orientiert. Somit wird das Verkehrsaufkommen ab Hamburg stabilisiert und für das Verkehrsprojekt Deutsche Einheit Nr. 1 Hamburg–Rostock–Stralsund die Basis für dessen Umsetzung gegeben.

Im Geschäftsbereich Nahverkehr sind die Veränderungen unmittelbar an der Erneuerung des Fahrzeugparks ablesbar gewesen. Zu diesem, jetzt DB Regio genannten Bereich, gehört die Organisation des S-Bahn Verkehrs und des früher als Personenzugverkehr bezeichneten Verkehrsangebotes. Die früher in den Zügen tätigen Zugführer und Zugschaffner sind inzwischen zum KIN, zum »Kundenbetreuer im Nahverkehr« aufgewertet und kümmern sich freundlicher als bisher um das Wohl der Reisenden. Inzwischen hat sich dieser Geschäftsbereich auch privater Konkurrenz auf der Schiene zu erwehren. Auf der Strecke Güstrow–Laage–Rostock verkehrt die Ostmecklenburgische Eisenbahn (OME) mit einem modernen Triebwagen der Bauart »Talent« im Zwei-Stunden-Takt.

Für den Reiseservice vor Ort auf den noch vorhandenen Bahnhöfen ist die DB Station und Service zuständig. Auf diesen Geschäftsbereich kommen Projektmaßnahmen für die Modernisierung der Bahnsteige und Bahnhöfe zu. Abgeschlossen werden konnte inzwischen die Sanierung des Warnemünder Bahnhofes und die Aufwertung der meisten S-Bahn-Stationen im Zusammenhang mit dem 25-jährigen S-Bahn-Jubiläum im September 1999.

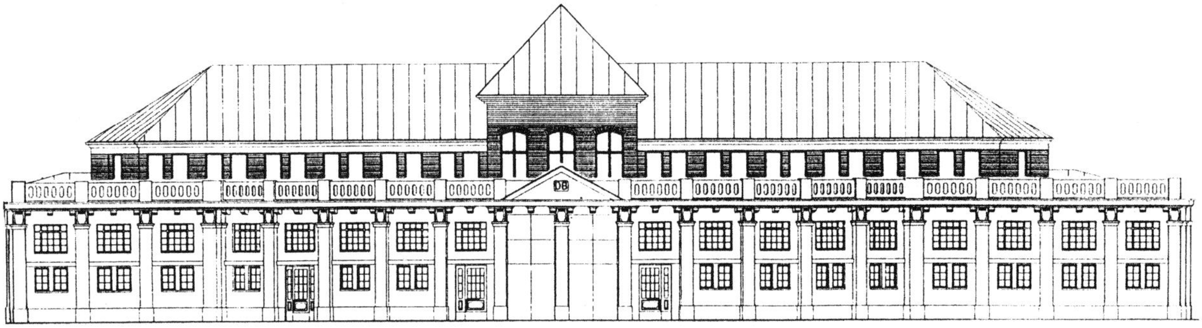

Der »Bahnhof der Zukunft«: Oben das Vorempfangsgebäude an der Nordseite, das mittlerweile das neue Dach bereits erhalten hat.
Zeichnungen: DB AG

Rostock – Bahnhof der Zukunft

Ein Sprichwort heißt »Keine Zukunft ohne Herkunft«; nach diesem Leitmotiv wollen wir die Rekonstruktion des Rostocker Hauptbahnhofes betrachten.

Nach der eingangs beschriebenen Entwicklung vom Lloyd-Bahnhof zum Hauptbahnhof schauen wir auf das begonnene Vorhaben im Rahmen der Projekte »Bahnhof 21«. Nach langer Diskussionsphase in städtischen Büros und Eisenbahnstuben sowie verschiedenen Fachgremien wurde nach der deutschen Einheit ein Projekt in Angriff genommen, das den Erwartungen der nächsten Jahrzehnte standhalten soll. Noch zu DDR-Zeiten wurden erste Projekte ausgearbeitet, die damals unter der Maßgabe einer höheren Nutzung der Eisenbahn im Fern- und Nahverkehr standen. Der seinerzeit für nötig erachtete Umfang der Arbeiten ließ das Vorhaben letztlich scheitern – es war damals nicht bezahlbar und Material war knapp.

Kernpunkt des Projekts war der Abbruch des Mittelempfangsgebäudes und Schaffung durchgehender Bahnsteiganlagen. Für die S-Bahn sollte ein neuer, separater Bahnsteig errichtet werden. Weiterhin war ein Schlafwagen-Bahnsteig und eine Pkw-Verladerampe vorgesehen. Für das abgebrochene Mittelempfangsgebäude sollte auf der Südseite ein neues, attraktives Empfangsgebäude errichtet werden. Zum Südring hin war der zentrale Omnibusbahnhof vorgesehen. Das neue Bahnpost- und Postzollamt wurde realisiert. Heute steht diese Immobilie leer und wartet auf neue Nutzer oder den Abbruch. Der Betriebsbahnhof für Abstellung, Wartung und Reparatur von Reisezügen war im Raum Biestow vorgesehen. Dieser Betriebsbahnhof wäre in einem Ringverkehr über Groß Schwaß und Dalwitzhof zu erreichen gewesen. Davon ist heute keine Rede mehr.

Wenden wir uns jetzt den aktuellen und zur Ausführung kommenden Projekten zu. Schwerpunkt des neuen Programmes ist die Untertunnelung des Hauptbahnhofes für eine Straßenbahnlinie und eine stadtteilverbindende Fußgängerzone mit Shoppingmeile. Die Wendeschleifen der Straßenbahn auf dem Vorplatz entfallen, somit wird eine völlige Neugestaltung des Bahnhofsvorplatzes möglich. Die neue Trasse der Straßenbahn wird zwei Ebenen unter Oberflächenniveau liegen und direkte Umsteigebeziehungen zur Eisenbahn ermöglichen. Wer seine Fahrkarte in der Tasche hat, kann über eine Treppe witterungsgeschützt sein Zweitverkehrsmittel erreichen. Unter denkmalpflegerischem Gesichtspunkt bleibt das Vorempfangsgebäude mit der Halle erhalten. Es wird jedoch entkernt und von innen neu aufgebaut. Das Obergeschoss erhält normgerechte Büroräume und ein Walmdach in Anlehnung an die frühere Gestaltung bis zum Brandbombenschlag 1944. Nur das fast weiße Dach wirkt fremdartig in der Dachlandschaft. Zum Eisenbahnjubiläum werden die ersten Veränderungen sichtbar sein. Das Mittelempfangsgebäude bleibt erhalten, wird aber in der Mitte geteilt für einen lichtdurchfluteten verbindenden Treppenaufgang von der Straßenbahn zum Foyer und zum Bahnsteig. Neu errichtet wird ein Gebäude am südlichen Tunnelausgang. In Anlehnung an die Bahnhofsarchitektur entsteht ein großer, heller Vorraum mit Serviceeinrichtungen und Marktflächen. Dem Charakter der Südstadt angepasst, wird eine parkähnliche Vorplatzgestaltung mit Pkw-Stellflächen geschaffen. Im Gleisfeld werden die Veränderungen die Schaffung des S-Bahn Bahnsteiges 1 und die Auflassung der Kopfbahnsteiggleise 7, 13 und 14 betreffen. Sie sollen funktionslos bleiben und werden zum Rückbau freigegeben. Die Bahnsteige insgesamt werden alle erneuert, sie werden erhöht und mit neuen Überdachungen und Ausstattungen versehen. Der bisherige Personentunnel wird verbaut und kann nicht mehr genutzt werden. All diese Baumaßnahmen sollen noch im Jahr 2000 beginnen und bis zum Jahr 2003 abgeschlossen werden. Voraussetzung ist, dass die Politik nicht wieder eine Streckung des Vorhabens wegen mangelnder Mittelbereitstellung veranlasst, wie es dem Verkehrsprojekt Deutsche Einheit Nr. 1 Lübeck–Rostock–Stralsund ergangen ist.

Der gesamte Bahnhofsbereich mit seinen Gebäuden, Bahnsteigen und Tunneln wird von einer technischen Zentrale aus überwacht. Hinzu kommt die Gewährleistung von Ordnung und Sauberkeit mittels Fernüberwachung der Bahnhöfe, um im Notfall kurzfristig eingreifen zu können. Für die Reisenden sind hier die 3-S-Zentralen (Sicherheit, Sauberkeit, Service) auch Ansprechpartner als Koordinierungsstellen plötzlich auftretender Probleme.

Die Modernisierung des Hauptbahnhofes und seine höhere Funktionalität zählt zu den Projekten, die insgesamt eine Auf-

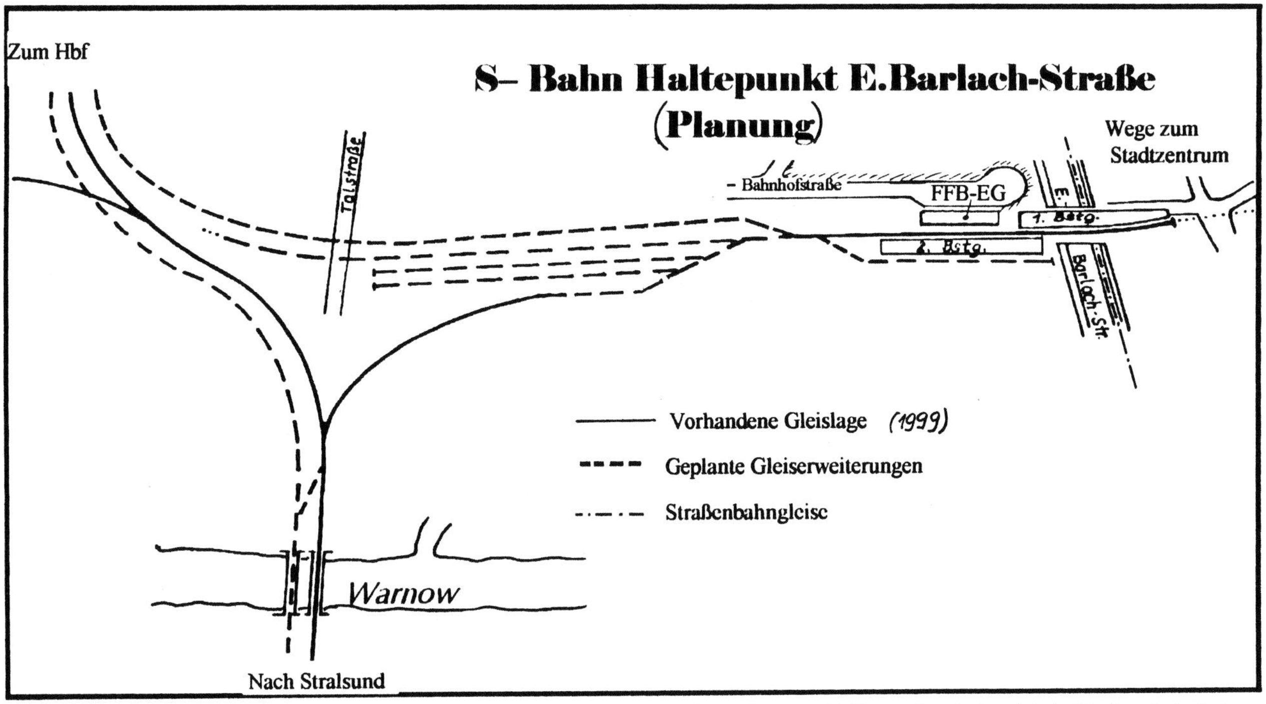

So sah die Wiederbelebung des Friedrich-Franz-Bahnhofes als S-Bahn Haltepunkt in der Planung 1998 aus. Inzwischen ist die Stadt und die Bahn von dem Bahnsteig unter der Brücke der E. Barlach-Straße wieder abgerückt.
Quelle: DB AG

wertung städtischer Einrichtungen darstellen. So wird der Hauptbahnhof endlich zu einem würdigen Vorzeigeobjekt der Stadt.

Projekt S-Bahn Haltepunkt E.-Barlach-Straße (Zentrum)

Wenn zum Erscheinen dieses Buches das Projekt S-Bahn-Erschließung des Stadtzentrums genannt wird, weisen wir gleich auf eine feste Absicht hin, diesen neu zu schaffenden Haltepunkt zu errichten. Er steckt noch in der Planungsphase, weil der Umbau des Hauptbahnhofes absolute Vorrangstellung genießt. Verkehrsvorteile bei der Zentrumserschließung liegen auf der Hand. Die Realisierung ist von der Bereitstellung der Mittel abhängig. Fördermittel kann nur das Land Mecklenburg-Vorpommern stellen, da es sich um eine regionale Maßnahme handelt. Hoffen wir also auf die nächsten Jahre. Das ganze Vorhaben ist in zwei Abschnitte gegliedert. Das sind als erste Baustufe: Reaktivierung des Verkehrsgleises vom Hauptbahnhof, Neubau des Bahnsteiges am Gleisendpunkt vor der Brücke der Ernst-Barlach-Straße. So können die Züge nach Einfahrt Kopf machen und zum Hauptbahnhof zurückfahren. Im zweiten Bauabschnitt ist der Bau des zweiten Gleises für kreuzende Verkehre und die Anbindung an die Stralsunder Strecke noch vor der Warnowbrücke mit der Schaffung von Abstellgleisen vorgesehen. Nach den heute verkehrenden drei S-Bahn-Linien wäre dann die vierte von Warnemünde nach Graal-Müritz oder Ribnitz-Damgarten West möglich.

Für Graal-Müritz wäre nach der gründlichen Oberbausanierung die Elektrifizierung erforderlich, aber das liegt außerhalb unseres Betrachtungszeitraumes.

Die Abbildung veranschaulicht den ersten Planungszustand für die Wiederinbetriebnahme des Friedrich-Franz-Bahnhofes als S-Bahn-Haltepunkt. Die aktuelle Planung sieht aber keinen Bahnsteig unter der Brücke der E.-Barlach-Straße mehr vor. Das ehemalige Bahnhofsgebäude wird allerdings als entbehrlich gehandelt.

8. Fahrzeuge

Rostocker Eisenbahnfahrzeuge

Bei der weiträumigen Darstellung der Entwicklung der Eisenbahnanlagen in Rostock ist es unumgänglich, auch auf die Eisenbahnfahrzeuge einzugehen. Diese Transportmittel waren eigentlich der Kernpunkt der Ortsveränderungsprozesse. Der geschichtliche Horizont von 150 Jahren zeigt auch für Rostock die ganze Palette der technischen Entwicklungen von der einfachen Dampfmaschine bis zur Perfektion. Wissenschaftliche Erkenntnisse und das umgesetzte Ingenieurwissen waren enorm. Dabei rief jede technische Neuerung auch neue Fragen auf, die mit Geschwindigkeit, Zuverlässigkeit und Sicherheit etwas zu tun hatten. Bewusst wird allerdings auf Detailbeschreibungen der Fahrzeuge verzichtet, da es hierzu schon genug Fachliteratur auf dem Markt gibt.

Erinnern wir uns: Was waren das für Zeiten, als die Eisenbahn den technischen Fortschritt verkörperte. Qualmende und rußende Lokomotiven, hölzerne Wagenkästen auf eisernen Untergestellen mit schlechter Federung und dürftiger Heizung in der kalten Jahreszeit stellten einen heute unzumutbaren Standard dar. Für jedermann war eine Eisenbahnfahrt ein besonderes Erlebnis. Das Interesse daran, mit zu fahren oder gar mit zu bauen, war ungeheuer groß und blieb für viele ein Wunsch fürs Leben.

Anhand der Abbildungen versuchen wir, die frühere Zeit ein wenig näher zu bringen. Die Personenwagen wiesen Plätze für 24, 32 oder 40 Personen auf, die Güterwagen fassten maximal 10.000 kg Zuladung oder 6 Pferde. Für das Fahren sorgte die Dampfkraft, vom Lokomotivführer gebändigt. Aber jede Bewegung musste auch einmal gebremst werden. Dafür gab es Bremsschaffner, die auf dem Bremsbock von Wagen saßen und auf ein Signal vom Lokomotivführer hin mit Muskelkraft den Zug zum Stillstand bringen mussten. Bei dem Stand der Technik war es nicht verwunderlich, dass die Höchstgeschwindigkeit auf »Vollbahnen« mit 60 km/h und auf »Sekundärbahnen« mit 30 km/h begrenzt werden musste. Bis die Druckluftbremse erfunden war, sollten noch Jahrzehnte vergehen. Analog entwickelte sich die Wagenheizung. Von kohlegefeuerten Öfen oder von außen zu bedienenden Heizluken bis zur durchgehenden Dampfheizung und jetzt üblichen elektrischen Heizung liegt die ganze Palette der Entwicklungen, die unsere älteren Bürger noch gut nachvollziehen können.

Trotz allen Widrigkeiten stellte die Eisenbahn den Fortschritt dar.

Rostock als Knotenbahnhof im Netz der Mecklenburgischen Eisenbahn entwickelte sich zum größten Bahnhof im Lande und zum größten Heimatbahnhof für Eisenbahnfahrzeuge in Mecklenburg. Von Stationierung in Rostock sprechen wir aber erst richtig ab dem Jahr 1890, zuvor waren die Fahrzeuge bei den verschiedenen Bahnverwaltungen dezentralisiert verwaltet. Die M.F.F.E. führte dann eine einheitliche Erfassung und Verwaltung der Fahrzeuge mit Beheimatungen ein. Damit ist die Zersplitterung des Eisenbahnwesens im Lande weitgehend erst einmal überwunden worden.

Lokomotivgeschichte – Von der Dampf- zur Diesel- und Elektrolokomotive

Die Lokomotivgeschichte der Rostocker Eisenbahn zeigt die ganze Vielfalt der technischen Entwicklung im Lokomotivbau.

Die Mecklenburgische Eisenbahngesellschaft setzte zwischen Schwerin und Rostock für die Personenzüge 1 B-Schlepptenderlokomotiven und für den anfangs schwachen Güterverkehr C-gekuppelte Schlepptenderlokomotiven ein. Entsprechend der damals üblichen Bezeichnungen erhielten die Lokomotiven Namen. Die erste Lokomotive mit dem Namen »Rostock« ist 1847 von der Lokomotivfabrik A. Borsig, Berlin, beschafft worden. Für die Betriebseröffnung sind damals, 1850, vier Lokomotiven beschafft worden, die die Städtenamen »Bützow« und »Schwaan« für Personenzüge sowie für die Güterzüge die Flussnamen »Warnow« und »Nebel« erhielten. Weitere vier Lokomotiven folgten im gleichen Jahr.

In Rostock stationierte Lokomotiven sind erst nach der zweiten Verstaatlichung der Eisenbahnen in Mecklenburg ab 1890 nachweisbar. Die Lokomotivfabrik von A. Borsig in Berlin wurde zum bedeutendsten Lieferanten der M.F.F.E. und damit der in Rostock stationierten Lokomotiven. Bis 1905 sind die Lokomotiven der Frühzeit weitestgehend ausgemustert worden, sie wurden durch die Bauarten nach preußischen Normalien ersetzt. Eine Vielzahl der um die Jahrhundertwende beschafften Lokomotiven überlebte dann die Neuordnung des Eisenbahnwesens durch die 1920 gebildete Deutsche Reichsbahn. Sie waren zum überwiegenden Teil bis zur Umzeichnung der Länderbahnlokomotiven Mitte der 20er Jahre und zum Teil darüber hinaus im Einsatz. Typisch für den Einsatz vor Zügen und bei Rangierarbeiten im Rostocker Raum wurden die Gattungen P 3, P 4, G 3, T 3, bis sie dann durch neuere und stärkere Typen der Gattungen P 8, G 8 und T 4 ergänzt und verdrängt wurden. Das geschah ab 1912. Damalige Spitzenpro-

Zur Erinnerung an die früheren Zeiten soll die Personenzuglok der Gattung P 4 dargestellt werden. Sie zog bis 1918 die leichten Schnellzüge durch das Land und in den Jahren zwischen beiden Weltkriegen die Personenzüge.
Aufnahme: Bellingrodt, Slg. Schultz

dukte, wie z.B. die S 10 (BR 17)oder G 10 (BR 57) sind erst später unter Regie der Deutschen Reichsbahn Gesellschaft nach Rostock gekommen.

Mit dem Ende des Ersten Weltkrieges und dem Versailler Vertrag von 1919 war das Deutsche Reich zu Reparationsleistungen verpflichtet worden. So mussten die deutschen Eisenbahnen auch Fahrzeuge und Lokomotiven an die Siegermächte abliefern. Die Rostocker Eisenbahn betraf das mit zwei Lokomotiven der Gattung P 8 sowie einer Lok der Gattung G 5 sowie mehrere Personenwagen. Die neu gebildete Deutsche Reichsbahn hat diesen Mangel dann mit zwei Lokomotiven der Gattung G 7 aus alten Heeresbeständen auszugleichen versucht. Diese unwirtschaftlichen Nassdampflokomotiven standen bis 1925 im Dienst. Sie sind mit der ersten Umsetzung von Lokomotiven der BR 75 der Rbd Karlsruhe (frühere badische Staatsbahn Gattung VIc) ab 1927 von Rostock umgesetzt worden. Diese Heißdampftenderlokomotiven mit den Ordnungsnummern 75^{4} bzw. $75^{10\text{-}11}$ waren in Mecklenburg in größerer Stückzahl anzutreffen und führten von Rostock aus in alle Richtungen entsprechende Personenzüge. Es gibt hierfür Bilddokumente vor Zügen aus Güstrow, Tribsees und Wismar.

Diese leistungsstarken und beliebten Maschinen waren bis 1946 hier vertreten. Im Rahmen der Neuordnung des Betriebsmaschinendienstes nach dem Zweiten Weltkrieg und der damit einhergehenden Umverteilung einzelner Lokomotivbaureihen innerhalb der Sowjetischen Besatzungszone sind diese Lokomotiven aus Mecklenburg abgezogen worden.

Nach 1920 dominierten im Schnellzugdienst die Lokomotiven der in die BR $38^{10\text{-}40}$ eingeordneten Lokomotiven der Gattung P 8. Mit dem Ansteigen der Zuglasten wurden sie den Aufgaben nicht mehr umfassend gerecht. Dadurch bedingt sind ab 1927 die ersten beiden, bald darauf weitere zwei Loks der preußischen Gattung S 10^{1} mit der neuen Baureihenbezeichnung $17^{10\text{-}11}$ nach Rostock von Berliner Bahnbetriebswerken für den nunmehr durchgehend zu bespannenden Schnellzugverkehr Berlin–Warnemünde umgesetzt worden. 1935 sind sie gegen Neubaulokomotiven der BR 03 ausgetauscht und in den Eilzugverkehr versetzt worden. Die Entscheidung für die Stationierung der 03 fiel vor allem wegen der Olympischen Sommerspiele 1936, da man attraktive Zugverbindungen von und nach Berlin anbieten wollte. Man konnte nun die Reisezeiten um etwa 20 Minuten auf zwei Stunden und 45 Minuten verkürzen. Die Lokomotiven waren bei den Personalen sehr beliebt und förderten den Stolz, über solche Maschinen verfügen zu können. Sie blieben über das Kriegsende hinaus in Rostock.

Während der Kriegsjahre sind 1943 vier Güterzuglokomotiven der BR 50 und bis 1945 mehrere Lokomotiven der BR 52 nach

Ein Schnellzug mit einer Lok der BR 17^{10} des Bw Rostock auf der Fahrt von Rostock nach Berlin Stettiner Bf bei der Durchfahrt durch den Bf Schwaan um 1930.
Aufnahme: Slg. Schultz

Ob 03 153 oder 03 2153 – über Jahrzehnte war diese Schnellzuglok in Rostock beheimatet, bis zur Außerdienststellung 1977.
Aufnahme (1972): Horstmann

Rostock gekommen. 1946 wurden bei der Bestandsaufnahme neun Lokomotiven dieser Kriegsbauart erfasst.

Für den Transport von Reparationsgütern aus der sowjetisch besetzten Zone musste die Deutsche Reichsbahn Lok-Kolonnen zusammenstellen, die unter militärischer Aufsicht den Güter- und Militärtransport durch Polen in die UdSSR übernahmen. Die Rbd Schwerin war mit 53 Lokomotiven in zwei Kolonnen eingebunden, darin waren auch vier Lokomotiven der BR 50 und 52 aus Rostock enthalten. Ersatzweise kamen Lokomotiven der BR 57, alte Güterzuglokomotiven der preußischen Staatsbahn der Gattung G 10 aus dem zweiten Jahrzehnt des 20. Jahrhunderts, als neue Gattung nach Rostock. Diese Baureihe blieb bis Mitte der 60er Jahre in Rostock, zuletzt dienten sie noch als Rangierlokomotiven im Überseehafen. Neubaulokomotiven der BR 50^{40} und später Reko-Lokomotiven der BR $50^{35\text{-}37}$ sind ebenso wie auf Ölfeuerung umgebaute Lokomotiven der BR 50.0 dafür zum Ersatz nach Rostock verfügt worden.

Und so sah die Maschine dreißig Jahre früher aus: Im Jahr 1948 soll diese Aufnahme von der 03 153 vor einem Personenzug von Neubrandenburg kommend am Bahnsteig 8 des Hbf entstanden sein.
Aufnahme: Slg. Schultz

Eine Hochburg für preußische Personenzuglokomotiven der Gattung P 8, der BR $38^{10\text{-}40}$, blieb Rostock bis 1963, bis sie von Neubaulokomotiven der BR 23^{10} (später BR 35) endgültig abgelöst wurden. Lokomotiven der BR 41 sind Ende der 40er Jahre als Nachfolger der BR 17 für den Schnellzugverkehr nach Rostock beheimatet worden. Mit ihrer Höchstgeschwindigkeit von 90 km/h genügten sie auch den dafür gestellten Anforderungen der Nachkriegszeit auf allen Hauptstrecken. Insbesondere waren sie vor den Berliner Zügen eingesetzt, die nun nach Demontage der Lloyd-Bahnstrecke nach Neustrelitz durch das Hügelland über Malchin–Neubrandenburg verkehren mussten. Für den schweren Schnellzugdienst über Schwerin nach Magdeburg wurden ab 1962 Lokomotiven der BR 01 nach Rostock stationiert. Sie übernahmen schon ab 1960 auch den Städteschnellverkehr nach Berlin über die wiederaufgebaute Lloyd-Bahnstrecke.

Rangierarbeiten unterhalb der Fischerbastion im Stadthafen Rostock. Zwei Lokomotiven der BR 91.19 sind vom Hauptbahnhof gekommen und rangieren die Wagen zu den Ladeplätzen. Aufnahme um 1930.
Aufnahme: Archiv Eschenburg

Für den untergeordneten Dienst standen in Rostock die Tenderlokomotiven zur Verfügung. Die Baureihe 91 der früheren Gattung T 9^3 hielt sich am längsten, sie war für den Nahgüterzugverkehr auf der Tessiner Strecke und auf der Bäderstrecke zwischen Graal-Müritz und Rövershagen bis 1965 im Einsatz und wurde von Diesellokomotiven der BR V 100 (später BR 110) endgültig abgelöst.

Der Höhepunkt der Dampftraktion in Rostock umfasste die mittleren 60er Jahre, eine Vielfalt an Dampflokomotiven beherrschte und faszinierte die Eisenbahnwelt, die für manchen noch die ungetrübte Anziehungskraft vergangener Zeiten ausübte. Der Faszination mussten Entwicklungen zu höherer Wirtschaftlichkeit folgen. Die weniger romantische Dieseltraktion hielt Einzug. Die Lokomotivproduktion in dem von Borsig gegründeten Werk in

Im Jahr 1978 steht 411070 im Personenzugdienst zwischen Rostock und Stralsund, aufgenommen am Bahnsteig 4 des Hbf Rostock.
Aufnahme: Schultz

Potsdam-Babelsberg, in Folge VEB Lokomotivbau »Karl Marx« und im früheren AEG-Werk Hennigsdorf kam in Schwung und brachte neue Diesellokomotiven auf die Schienenwege. So verschwanden in kurzer Zeit alle Dampflokomotiven der unteren und mittleren Leistungsklassen. Den Rangierdienst in Rostock übernahmen schrittweise ab 1965 die ersten an die DR übergebenen Serienlokomotiven der BR V 60 (später BR 106).

Ende 1965 waren bereits zwölf Diesellokomotiven der BR V 60 in Rostock im Einsatz. 1967 lösten die V 100 die stolzen Dampflok der BR 62 im Wendezugbetrieb nach Warnemünde ab. Mit 950 PS brachten sie oft nicht genügend Zughakenleistung auf, aber der Betrieb war weniger beschwerlich und weniger unterhaltungsaufwendig. Vielfach verlängerten sich dadurch die Fahrzeiten der Reisezüge, aber es gab kein Zurück zur P 8. Mit den Lokomotiven der BR V 180 konnten ab 1971 die Leistungsengpässe ausgeglichen werden. Diese Lokomotiven sah man auch regelmäßig als Vorspannlok vor den mit einer Dampflok der BR 01 bespannten Schnellzügen nach Leipzig über Schwerin. Nach anfänglichen Kinderkrankheiten beim Serienstart dieser zweimotorigen Streckenlokomotiven mit 120 km/h Höchstgeschwindigkeit waren die V 180 recht schnell beliebt und formschön noch dazu. Diese Diesellokomotiven verfügten über eine leistungsstarke Dampfheizeinrichtung, die oftmals die als kalt empfundenen Züge durch die Lande schleppte. Diese Mängel sind nicht auf technische Ursachen, sondern auf den sparsamen Dieselkraftstoffeinsatz zurückzuführen. Das wurde schließlich prämiert. Der Geldbeutel war dem Triebfahrzeugführer dann doch meist näher als der letzte Wagen eines Zuges.

Inzwischen setzte sich die elektrische Zugheizung immer mehr durch, ein internationaler Trend. Dafür war die Lokomotivbaureihe 118 nicht geeignet. Die DDR war auch Unterzeichner eines Abkommens im »Rat für gegenseitige Wirtschaftshilfe«, kurz RGW, geworden; das beinhaltete, dass die DDR keine Großdiesellokomotiven mehr baute und diese aus der damaligen Sowjetunion

Die Schnelltriebwagen der Bauart »Görlitz« fuhren als »Neptun-Expreß« planmäßig oder als Sonderzüge gelegentlich nach Rostock. Hier eine 10-teilige Einheit bei Einfahrt von Schwaan in den Hauptbahnhof.
Aufnahme: Slg. Schultz

bezog. So kamen die dieselelektrischen Lokomotiven der BR 132 mit einer Motorleistung von 2.980 PS von 1972 bis 1980 in einer Großserie von 700 Stück in die DDR. Von diesem Typ erhielt Rostock bis 1984 20 Stück für den schweren Schnellzug- und Güterzugdienst. Die ersten Lokomotiven dieser Baureihe sind vor dem Städteexpress Rostock–Berlin ab November 1976 zum Einsatz gekommen. Ihre Höchstgeschwindigkeit war mit 120 km/h festgelegt worden, für den Ausbaustand des Schienennetzes war keine höhere Geschwindigkeit erforderlich. Ab 1979 sind alle Schnellzugleistungen mit dieser Baureihe gefahren worden. Im Güterverkehr zum Güterbahnhof oder Hafenbahnhof kamen bereits ab 1970 Diesellokomotiven der BR V 200 (120) nach Rostock. Sie waren mangels einer Heizeinrichtung für den Reiseverkehr nicht geeignet.

Da die S-Bahn-Züge noch mit Dampfheizung ausgerüstet waren, kam die leistungsstärkere BR 132 (heute BR 232) mit ihrer elektrischen Zugheizung nicht in Frage. Das war umso bedauerlicher, da ab 1978 in der Früh- und Nachmittagsspitze des Berufsverkehrs die Züge mit drei Doppelstockeinheiten von einer Lok der BR 118 gefahren werden mussten. Hierbei kann noch von einem Kuriosum gesprochen werden. Ab 1982 wurde während der Heizperiode eine Lok der BR 50 nachts und nachmittags nach Warnemünde gefahren, um jeweils die drei Schwerpunktzüge des Berufsverkehrs vorzuheizen. Diese Lok übernahm auch die Rangierarbeiten in Warnemünde. Zweimal werktäglich fuhr sie mit dem letzten verlängerten Zug an der Spitze als sogenannter »Vorspann« nach beendeter Schicht zur Restauration ins heimatliche Bw Rostock. Die Diesellok war am anderen Zugende als verbundene Antriebseinheit des Zuges verblieben. Vorne Dampf und hinten Diesel oder wie manch spitzer Mund sagte: »Vorne zischt's und hinten stinkt's«. Aber die Fahrgäste in diesen Zügen konnten sich über mangelnde Wärme nicht beklagen und für ordentliche Anfahrbeschleunigung sorgten die Dampfloks auch. In der Folgezeit erschlossen sich die Dampflokomotiven auch andere Einsatzgebiete: Personen- und Nahgüterzüge nach Tessin sowie Güterzüge nach Ribnitz-Damgarten West. Highlight war wohl die mehrmalige außerplanmäßige Bespannung des D 321 zwischen Warnemünde und Rostock Hbf, wenn die zuständige 132 ausfiel.

Im Frühjahr 1985 kam dann auch für die Dampftraktion in Rostock das endgültige Aus. Die Gleise neben der Bekohlungsanlage im Bw Rostock sollten mit einer Fahrleitung versehen werden, damit war ein weiteres Bekohlen der Lokomotiven nicht mehr möglich. Auch angedachte Ausweichlösungen, wie die Verlagerung der Dampflokunterhaltung nach Bad Doberan, wurden nicht realisiert. So fuhr dann am 29. März 1985 die 50 3534 zum letzten Mal mit der S-Bahn Psiw 13 237 von Warnemünde nach Rostock Hbf.

Personenzugverkehr 1969 nach Warnemünde. Vor der Kulisse eines Frachtschiffes fährt der Personenzug nach dem Verlassen des Hp. Warnemünde-Werft durch den »Tunnel«, das frühere Empfangsgebäude nach Warnemünde Personenbahnhof. Zuglok ist die V 100 033, die bis 1992 noch zum Bw Rostock gehörte.
Aufnahme: Schultz

Doch ganz war die Dampflokzeit in Rostock noch nicht beendet. Bis Ende November 1985 konnte man Wismarer Lok der BR 50 in Rostock erleben, Güstrower Lokomotiven bis in das Jahr 1986.

Mit der Einführung der elektrischen Traktion im Knotenbereich von Rostock 1985 endete der Einsatz der zwischenzeitlich leistungsgesteigerten und geräuschärmer gewordenen Diesellokbaureihe 118. Die DB AG hat diese Maschinen aufgrund ihres Alters aus dem Unterhaltungsbestand genommen. Mit der Elektrifizierung hat das Bw Rostock die Universallokomotivbaureihe 243 (heute 143) übernommen. Sie war für den Güter- und Reisezugdienst gleichermaßen gut geeignet. Ihr Bestand wuchs bis zum 31.07.1989 auf 48 Stück. Mit der von der DB AG eingeleiteten Strukturreform ab 1994 und dem neugebildeten Geschäftsbereich Traktion erhielt Rostock alle im ehemaligen Direktionsbezirk Schwerin (eingegliedert war ab 1992 auch Greifswald) stationierten Lok der BR 143 zugeordnet. Alle Lokomotiven der ehemaligen BR 132 (neu 232) wurden Schwerin zugeordnet. Die Personaleinsätze in reduzierten Größenordnungen verblieben vorerst noch traditionell. Mit der DB AG sind die Rangierlok der BR 106 und 105 (ehemals V60) in die BR 344, 345 und 346 umgezeichnet worden. Die ältesten Lokomotiven dieses Typs sind dabei ausgemustert worden. Neu hinzugekommen sind die Rangierlok der DB BR 364 im Haupt- und Hafenbahnhof. Bei annähernd gleicher Leistung hatten diese Lokomotiven als Vorteil eine automatische Kupplung, die vom Lokführer aus zu bedienen war. Das sparte Rangierarbeitsaufwand ein.

In den letzten Jahren kamen umlaufbedingt auch weitere Lokbaureihen nach Rostock. Das sind die 1990 in Hennigsdorf noch von der DR in Auftrag gegebenen Lokomotiven der BR 112, die für 160 km/h ausgelegte Schnellfahrvariante der BR 143, sowie ältere Lokbaureihen der früheren Deutschen Bundesbahn mit den Bezeichnungen 103, 110, 120, 139, 141 und 151. Vor Sonderzügen sah man in Rostock natürlich auch andere Baureihen. Das war zur Eröffnung des elektrischen Betriebes am 19. Mai 1985 der Fall, die Museumslokomotive der BR 218 019 (ehemalige E 18) zog einen Sonderzug von Waren(Müritz) nach Rostock.

Der Triebwagenverkehr hatte bei der DR keinen besonderen Stellenwert. Der Vollständigkeit halber sollen bekannte Gegebenheiten mit dargestellt werden. Nach 1934 ist ein Triebwagen aus Wismarer Produktion, meistens mit angekuppelten Personenwagen auf der Nebenbahnrelation Wismar–Rostock und zurück im Einsatz gewesen. Genaue Daten zum Beginn sind nicht herausgefunden worden. Der Einsatz endete mit Kriegsbeginn, als alle Triebwagen von der Wehrmacht für eigene Zwecke konfisziert wurden. Mit Einheitstriebwagen der 30er Jahre ist in den 50er Jahren eine Fernzugverbindung Rostock–Dresden mit Triebwagen der Bauart »Stettin« aufgebaut worden. Mit der Einführung des Städteschnellverkehrs 1960 nach Berlin ist diese Verbindung gegen lokbespannte Züge gewechselt worden. Eine Triebwagenverbindung zwischen Berlin und Kopenhagen über Rostock ist in der Folge aufgebaut worden, wo abwechselnd deutsche Triebwagen der Bauart »Köln« oder »Leipzig« mit dänischen »Lyntog«-Zügen verkehrten. Nach Ausscheiden dieser Typen aus dem Bestand sind hier ab 1974 wieder lokbespannte Züge eingesetzt worden. Das geschah auch mit dem Hintergrund, durch Beistellung von Kurswagen von Berlin bis/ab Rostock die Zugverbindung für den öffentlichen Verkehr zu nutzen. Die Triebwagen waren für den Binnenverkehr der DDR gesperrt. In Rostock und Warnemünde

Lokomotivbestand im Bw Rostock am 04. Juni 1987

44	2637
50	3534, 3569
99	2321, 2322, 2323, 2331, 2332 (in Bad Doberan)
100	113, 259, 330, 547, 565, 706, 758, 776, 817, 834
101	631
102	055, 074, 078, 179, 215, 238
105	048, 066
106	022, 049, 070, 128, 167, 294, 309, 495, 528, 633, 667, 720, 721, 834, 873, 973
112	137, 280, 345, 509, 511, 532
114	774
132	027, 227, 247, 323, 364, 400, 405, 514, 533, 547
243	027, 028, 030, 035, 036, 037, 051, 052, 053, 054, 055, 056, 057,058, 059, 061, 062, 063, 065, 066, 067, 068, 069, 070, 071, 072,073, 074, 075, 076, 116, 169, 175, 177, 179, 216, 220, 223, 226, 227, 231, 232, 235, 236, 237, 238, 241, 242.
244	044, 137

Schadlokomotiven zum Stichtag:

106	031	Auffahrunfall im Güterbahnhof
243	027	Auffahrunfall in Schwaan
243	177	im Bw Rostock ausgebrannt

Lokomotivbestand Dezember 1989

106	012, 027, 070, 128, 280, 294, 309, 431, 495, 528, 633, 646, 667, 720, 721, 834, 873, 973.
112	256, 280, 345, 509, 511, 512, 800.
132	027, 045, 227, 247, 253, 323, 400, 514, 533, 547.
243	235, 236, 237, 242, 245, 257, 258, 259, 260, 267, 269, 270, 271, 272, 274, 275, 276, 277, 279, 280, 281, 282, 286, 299, 303, 307, 312, 313, 315, 316, 320, 320, 321, 322, 323, 324, 327, 328, 335, 346, 350, 802, 808, 839, 862, 868, 885, 886.
244	103

Lokomotivbestand per 26.09.99 (DB Regio, NL Schwerin)

	Arbeitspark	Betriebspark	Gesamtbestand
110	5		
112	6		
143	35	5	25 vermietet an DB Cargo
202	3	4	4
218	7	8	9
219	3	5	6
234	11	13	14
628	12	14	14
772	4	5	6

geplanter Lokomotivbestand im Mai 2000 (DB Regio, NL Schwerin)

143	60
203	3
218	9
219	4
234	15

sind zwar 1938 Triebwagenschuppen gebaut worden, aber zu Triebwagenstationierungen kam es nicht. Die von der DR in den 60er Jahren beschafften Nebenbahntriebwagen der BR 171/172, neu 771/772, waren in Rostock nicht im Einsatz.

Seit 1994 haben sich Triebwagen der BR 628 auf der Relation Wismar–Tessin und Rostock–Graal-Müritz im Nahbereich gezeigt und bewährt. Anfangs wurden sie vom Bh Kiel eingesetzt, später dann vom Bh Neustrelitz. Aufgrund des noch nicht vollständig erneuerten Oberbaues der Strecken können sie allerdings ihre technischen Vorteile nur bedingt nutzen.

Abschließend wird angemerkt, dass das DB-Konzept für Rostock und den gesamten Verkehrsraum Mecklenburg-Vorpommern keine ICE-Triebzugverbindungen vorsieht.

Dafür machen sich die privaten Anbieter von Verkehrsleistungen schrittweise bemerkbar. So verkehrt seit dem Fahrplanwechsel am 27. September 1998 ein »Talent«-Triebwagen der Ostmecklenburgischen Eisenbahn unter anderem zwischen Rostock und Güstrow über Laage im Zweistundentakt.

Werkstättenwesen

Für die betrieblichen Belange der Eisenbahn dienten die Lokomotivschuppen mit den angegliederten Werkstätten. Diese übten seit Bestehen eine ungeheure Faszination auf die heranwachsenden Generationen aus. Hier entstand mancher Berufstraum und gipfelte meist in der Vorstellung, einmal selbst Lokomotivführer zu werden. Die eisenbahntechnische Entwicklung in Rostock brachte mehrere und verschieden profilierte Einrichtungen hervor. Die Friedrich-Franz-Bahn errichtete ihre Betriebsanlagen östlich der Verkehrsgleise in aufgeschüttetem Wiesengelände zum Warnowufer hin. Hier entstand Rostocks erster und an gleicher Stelle 30 Jahre später der zweite Lokomotivschuppen. Neben der Unterstellung der Zugmittel bildete die Werkstatt mit ihrer Schmiede meist den Mittelpunkt des

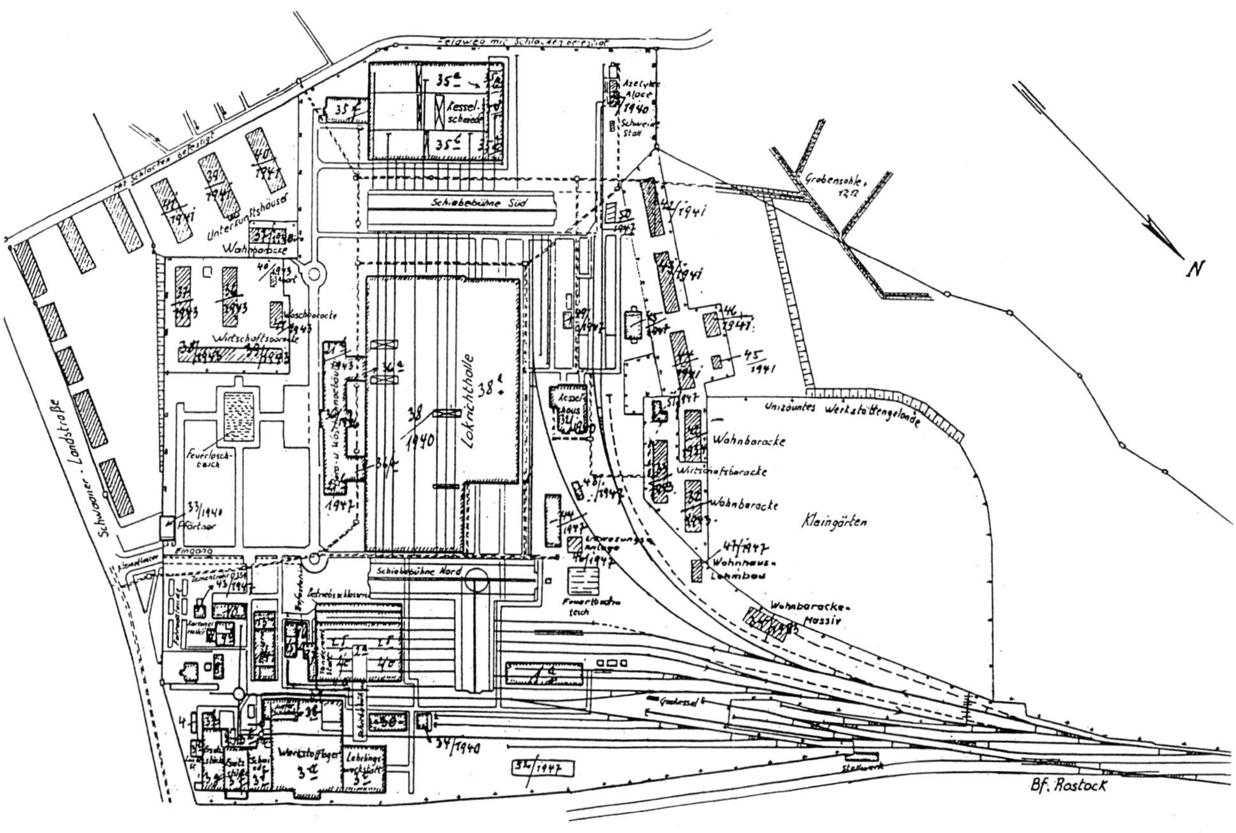

Der Lageplan des ehemaligen Raw Rostock in einer Darstellung mit den Wohnbaracken für Fremd- und Zwangsarbeiter von 1944. Aus dem Plan ist die Werkstruktur gut nachvollziehbar. So ist der 1. Werkstattkomplex der Lloyd-Bahn als Werkstofflager deklariert, der 2. Baukomplex von 1913 mit der Dreh-Schiebebühne befindet sich in der Mitte zur neuen großen Lokrichthalle.
Zeichnung: Slg. Schultz

Interesses. Büros und Lager sowie Waschräume für das Personal stellten den sozialen Teil dar.

Seine abseitige Lage vom Bahnhof und von Straßen, die in der Folgezeit immer mehr das Verkehrswegenetz der Stadt Rostock bestimmten, war Grundlage und Garant dafür, dass sich der Lokomotivschuppen bis an die Schwelle des 21.Jahrhunderts erhalten hat. Nur weiß keiner so recht etwas mit dem 1992 freigezogenen Gebäude anzufangen, unter der Voraussetzung, erst einmal zu investieren. Bis 1992 betrieb die DR in dieser Anlage die Güterwagenreparatur anfallender Schadwagen des Großraumes Rostock. Sie ist unter Denkmalschutz gestellt worden, in der Hoffnung, hier einmal ein Eisenbahnmuseum etablieren zu können. Das Gelände ist eisenbahnseitig und städtisch noch nicht überplant. Gegenüber dieses Geländes, am Fuß der Talstraße, befindet sich noch eine erkennbare freie Fläche. Hier stand einst der Lokschuppen und die Werkstatt der Wismarer Eisenbahn in Fachwerkbauweise für zwei Lokomotiven von 1883 bis etwa 1920. Das Fundament des Kohlenkranes (ein Betonsockel mit vertikaler Achse) stand noch bis 1995.

Die Lloyd-Bahn errichtete nicht nur ihren Lokomotivschuppen in Rostock, sondern gleichzeitig die Zentralwerkstatt für die Eisenbahnbetriebsmittel und Anlagen der Bahngesellschaft ab 1886. Hier begann eine äußerst interessante Entwicklung, die wir nachvollziehen möchten. 1886 entstand ein zweigleisiger, vierständiger Lokomotivschuppen mit Schmiede im südöstlichen Bahnhofsareal. Hinzu kamen natürlich ein Kohlenbansen und die Wasserversorgungsanlagen für die Lokomotiven. Bis 1890 ist eine Drehscheibe und ein neues Werkstattgebäude hinzugekommen. Mit der Übernahme der Bahnanlagen durch die M.F.F.E. im gleichen Jahr begann hier eine von der Direktion in Schwerin aus gesteuerte Eisenbahnpolitik, die den Gesamtinteressen des Landes unterzuordnen war. In den Folgejahren ist ein weiteres Werkstattgebäude mit einer Schiebebühne für die Lokomotivinstandhaltung etabliert worden. Die Werkstatthalle reichte aber nur für die Lokomotiven, die um die Jahrhundertwende im Rostocker Raum verkehrten. Das Jahr 1913 wird für den nächsten Werkhallenbau angegeben, in dem die Voraussetzungen für die nächste Lokomotivgeneration mit 20 und mehr Metern Baulänge gegeben war. Damit hatte Rostock den geplanten Ausbau für die Lokomotivinstandhaltung für ganz Mecklenburg bzw. der M.F.F.E. erreicht. In diese als Lokomotiv-Zentralwerkstatt bezeichnete Einrichtung sind auch die Bereiche der Fährbrückeninstandhaltung von Warnemünde eingegliedert worden.

Die Jahre des Ersten Weltkrieges brachten für die Werkstatt keine Besonderheiten. Veraltete Lokomotiven sind durch neue und wartungsärmere bis 1917 ersetzt worden. Plan- und Bedarfsausbesserungen fanden hier mit beispielgebenden Voraussetzungen statt. Die zum 1.1.1919 gebildete Mecklenburgische Landesbahn nahm bis zur Bildung der Deutschen Reichsbahn 1920 keinen spürbaren Einfluss auf das Rostocker Eisenbahnwesen. Durch preußischen Sinn und Verstand geprägt, hat die DR nach 1920 das Eisenbahnwesen in Mecklenburg und in Rostock mit wesentlichen Impulsen nach vorn gebracht. Da das mecklenburgische Eisenbahnwesen bis dato stets von der augenblicklichen Situation aus entwickelt und geleitet wurde, stellten die neuen Gedankengänge doch eine weitsichtigere Planung dar. So ist aus der Zentralwerkstatt Rostock das Reichsbahn-Ausbesserungswerk Rostock entstanden, zu dem noch weitere Ausführungen folgen werden.

Mit der Entwicklung dieser Betriebsstätte zur Werkstatt und der Aufgabenspezialisierung der Rostocker Bahnhöfe bis 1905 war im Bereich des Central-Bahnhofes ein neues Betriebswerk erforderlich geworden. Die Lokomotiv-Leerfahrten zum Betriebswerk im Güterbahnhofes nahmen belastende Ausmaße an. Diese zu reduzieren war Aufgabe des neu zu bauenden Betriebswerkes an der (heutigen) Herweghstraße/Ecke Schwaaner Landstraße. Hier entstand ein achtständiger Ringlokschuppen mit einer 20 m-Drehscheibe sowie den dazugehörigen Restaurationsanlagen für den Lokomotivbetrieb. Aufgrund der begrenzten Fläche war die Anlage kurzsichtig und nicht erweiterungsfähig angelegt. Der Lokomotivschuppen bot Abstellplatz für vier Schnellzuglokomotiven mit 22 m Standlänge und vier kürzeren Tenderlokomotiven. Etwa 1904 ist mit der Rückseite zur Schwaaner Landstraße ein weiterer vierständiger Lokomotivschuppen hinzugekommen. Damit wurde der Endstand des Baues erreicht. Von diesen Anlagen haben die Zeiten der erstgenannte Lokschuppenteil und die Werkstatt- und Büroräume bis in unsere Tage überlebt. Diese Anlagen sind bis 1935 als Bw genutzt worden. Danach ist hier das Kraftwagenbetriebswerk installiert worden, welches für den Straßenfahrzeugbestand der Reichsbahndirektion Schwerin und die Straßenrollfahrzeuge für Güterwagen der Bauart Culemeyer sowie die Kaelble-Zugmaschinen technische Heimstatt wurde. Da die vorhandenen Anlagen des Betriebswerkes mit den gewachsenen Aufgaben aus den Nähten zu platzen drohte und die technischen Anlagen veraltet waren, entschloss sich die DR Anfang der 20er Jahre abermals zu einem Neubau. Da das bisher abgesteckte Eisenbahnareal ausgelastet war, musste außerhalb bisheriger Grenzen ein neuer Standort gefunden werden. Dieser fand sich auf den noch landwirtschaftlich genutzten Flächen außerhalb der Schwaaner Landstraße bis hin nach Dalwitzhof. Die Planungen stammen aus dem Jahr 1924, die Bauarbeiten begannen 1926 und bis 1932 war der erste Bauabschnitt vollendet, so dass die Dienststelle umziehen konnte. Bis 1936 ist als zweiter Bauabschnitt der Ringschuppen für weitere neun Lokomotivstände und eine Werkstatt mit Achssenke und Dreherei hinzugekommen. Als letzte Baumaßnahme ist der Bau des zweigleisigen, 52 m langen Triebwagenschuppens 1938 zu erwähnen, der für den gedachten Schnelltriebwagenverkehr Berlin–Rostock und Berlin–Kopenhagen gedacht war. Die zugedachte Nutzung kam jedoch nicht mehr zum Tragen. Insgesamt waren damit alle Voraussetzungen gegeben, dass sich das Bw Rostock als modernstes Betriebswerk in Mecklenburg bezeichnen durfte.

Im Krieg erlitt das Bw starke Beschädigungen, die die Funktion als Betriebsstelle kaum noch wirksam werden ließen. Nach mühsamem Aufbau der Büros und Werkstätten ist der Lokschuppen nur provisorisch instandgesetzt worden. Das Provisorium hielt noch bis 1990, als die Kriegsschäden endlich in der ersten Schuppenhälfte beseitigt wurden. Der zweite Schuppenteil mit den Ständen 13 bis 22 wurde abgerissen. Für den verringerten Lokomotivbestand der heutigen Zeit müssen die ersten neun Schuppenstände ausreichen. Unlängst wurden Investitionen für eine neue Werkhalle genehmigt. Für die neue Lok- und Triebwagengeneration wird eine neue Wartungshalle und eine Außenreinigungsanlage errichtet. Die Fertigstellung ist für das Jahr 2001 avisiert. Die noch 134 Beschäftigten werden sich über die neuen Arbeitsplätze bei DB Regio freuen.

Die südliche Giebelfront der Lokrichthalle von 1936 lässt erahnen, dass hier ein großer industrieller Komplex für die Lokomotivinstandhaltung geschaffen wurde.
Aufnahme (1999): Schultz

Ein Schwerpunkt im Lokomotivbetriebsdienst bildete sich auch in Warnemünde heraus. Der Endpunkt von Schnellzügen aus Hamburg und Berlin zum Fährverkehr verlangte für die Lokomotiven ein Wende-Bw sowie die Vorhaltung einer einsatzfähigen Reservelokomotive. Für die örtlichen Rangierarbeiten zwischen Güterbahnhof Warnemünde und Fähranleger sowie Fährschiffbedienung waren tagsüber sogar zwei Rangierlokomotiven im Einsatz, wobei eine mit der Güterzugbehandlung und die andere auf dem Personenbahnhof im Einsatz war. Für dieses Leistungsspektrum war in Warnemünde eine Außenstelle des Betriebswerkes Rostock errichtet worden, die mit der Einstellung des Fährverkehrs 1995 durch die Fährgesellschaft Ostsee (DFO) beseitigt worden ist. Nichts erinnert mehr an den Lokschuppen mit Wasserturm und die Lehrwerkstatt, die in den letzten Jahrzehnten hier im Werkstattgebäude eingerichtet war. Die große freie Fläche wird als Parkplatz genutzt. Nur anhand des Lageplanes kann man die Situation nachvollziehen. In Warnemünde wurde 1938 ein eingleisiger Triebwagenschuppen errichtet, ohne seiner zugedachten Funktion noch entsprechen zu können.

Die Triebwagenschuppen in Rostock und Warnemünde dienten nach dem Zweiten Weltkrieg der technischen Instandhaltung von Reisezugwagen. 1994 wurde die Abteilung in Warnemünde geschlossen, heute werden nur noch am Hauptbahnhof S-Bahn- und Regio-Wagen unterhalten.

Das Reichsbahnausbesserungswerk Rostock

In den vorangegangenen Kapiteln ist die Entstehung kurz dargestellt worden. Aufgrund der Bedeutung für die Stadt Rostock wollen wir das Werk in seiner Entwicklung näher betrachten.

1886 wurde die Stationsschlosserei der Lloyd-Bahn errichtet. Hier wurden die neu beschafften Lokomotiven restauriert und gewartet und sollten später auch repariert werden. Die damalige Technik war auch verhältnismäßig reparaturaufwendig. Historisch gesehen gehörte auch zu jeder Kutsche eine Remise und so wurden damals grundsätzlich für die Lokomotiven Schuppen zur Abstellung gebaut. Der Rostocker Schuppen als Stationsschlosserei war mit einer Schmiede und einer Dreherei als Grundausstattung ausgerüstet. Die Lloyd-Bahn hatte hier alle Arbeiten zur Instandhaltung ihres Fahrzeugparks, der Lokomotiven und der Wagen, vorgesehen. Bis zur Übernahme der Bahngesellschaft durch die M.F.F.E. 1890 war der Fahrzeugpark auch noch überschaubar.

Die M.F.F.E. betrieb drei Werkstätten in Rostock, Schwerin und Malchin. Mit der Verstaatlichung 1890 wurden die Aufgaben der Werke neu bestimmt. Für Rostock hieß das, künftig alle Lokomotiven der staatlichen Bahngesellschaft instandzuhalten. Mit der Aufnahme des Fährbetriebes kamen ab 1903 alle vierachsigen Schnellzugwagen des internationalen Verkehrs und die Fähranlagen selbst hinzu. Dafür wurde im gleichen Jahr ein zweigleisiger Wagenschuppen mit technischen Einrichtungen zwischen Bahnhof und Lokhalle errichtet. Der schrittweise Ausbau vom Lokschuppen mit Schmiede bis zum Neubau der Lokhalle von 1911/13 setzte einen vorläufigen Höhepunkt in der Entwicklung der Werkstätte. Stolz war man auch über die gelungene Eisenbetonkonstruktion mit einer neuartigen Dacheindeckung mit dem neuen Werkstoff, »Ruberoid« genannt. Innerhalb der neuen Halle gab es eine Schiebebühne mit 6,8 m Länge zum Versetzen der Lokomotiven auf die Arbeitsstände. Die Tenderinstandsetzung erfolgte im alten Lokschuppen. Die kleine Schiebebühne entsprach zwar den Anforderungen der Zeit, war aber doch wenig vorausschauend geplant. Auf engen, schlecht beleuchteten Arbeitsplätzen war die Arbeit nicht einfach, aber sie gab vielen Eisenbahnerfamilien Lohn und damit eine Lebensgrundlage.

Mit der zukunftsorientierten Erweiterung des Werkes begann man ebenfalls im Jahr 1926. Die Stahlkonstruktion für eine neue Richthalle wurde aufgestellt. Die Halle war so konzipiert, dass bei gleicher Technologie mit Arbeitsständen quer zur Hallenachse auch für große Lokomotiven und Arbeitsgeräte ausreichender Arbeitsplatz verfügbar war. Die Zufahrt der Lokomotiven war über eine Schiebebühne am südlichen Hallenende zwischen alter und neuer Lokhalle vorgesehen. Da aber der Bedarf an Lokausbesserungen wie in anderen deutschen Gebieten in Rostock noch nicht so bestand, unterbrach man den Weiterbau der neuen Halle für ein paar Jahre. Mittlererweile hatten sich die Auffassungen zu einer rationellen Technologie verändert. Als 1935/36 die Halle fertiggestellt wurde, ist das Innere für die Arbeitstechnologie umgestellt worden. Aus den quer angeordneten

Arbeitsständen wurden Längsstände. Die stehende Hallenkonstruktion sollte unbedingt in die neue Konzeption übernommen werden. Mit der Zuführung der Lokomotiven in die Halle ergab sich aber ein Problem: Die Lokomotiven mussten um 90° vor der Halle gedreht werden, aber dort befand sich eine Schiebebühne. Eine deutschlandweit einmalige ingenieurtechnische Spitzenleistung wurde für Rostock aktuell: Die Siegener Firma »Siemag« baute eine Schiebebühne, die um 90° gedreht werden konnte. Die Stromversorgung der Bühne am nördlichen Hallenende erfolgte aus einer Oberleitung. Die am südlichen Hallenende herausrollenden fertigen Lokomotiven gelangten auf die Schiebebühne II und von dort über Gleise zum Anheizen in das normale Gleisnetz über einen Gleisbogen zurück. Diese Schiebebühne II war von der klassischen Art.

Parallel zur neuen Halle wurde ein mehrstöckiges Büro- und Verwaltungsgebäude errichtet, in dem neben Sozialräumen im Erdgeschoss in den oberen Stockwerken die technischen und Verwaltungsräumlichkeiten eingerichtet wurden. Alle Baumaßnahmen, zusammen mit dem gleichfalls errichteten Steinkohlekraftwerk, brachten dem RAW Rostock 1940 den Ruf ein, das modernste Reichsbahnausbesserungswerk der Deutschen Reichsbahn in Deutschland zu sein. Das RAW erhielt auch eine komplette Kesselschmiede, um bedarfsweise auch neue Kessel für die Lokomotiven anfertigen zu können.

Nun war der Krieg hereingebrochen und vieles änderte sich. Spezialisten wurden abgezogen, junge Mitarbeiter zur Wehrmacht eingezogen und alle zugeführten Neubaulokomotiven aus den letzten Jahren bekamen aufwendige Schadgruppen. Das Problem war ab 1942 nur damit zu lösen, dass Kriegsgefangene und Fremdarbeiter für die Instandsetzungen der Lokomotiven herangezogen wurden. Die Unterbringung erfolgte in Baracken auf dem Werksgelände, das nunmehr eingezäunt und gut bewacht wurde. Aus dem Lageplan von 1944 sind die Standorte gut ersichtlich.

Mit dem Ende des Krieges kam auch das »Aus« für das RAW Rostock. Glücklicherweise gab es keine schwerwiegenden Zerstörungen, aber es wurde schnell zum Beuteobjekt der Sowjetarmee, die alles ausräumte, was zu gebrauchen war. Letzte Ausbesserungsarbeiten fanden noch 1946 im Altbau von 1913, der ehemaligen Tenderwerkstatt, statt, die nicht so sehr im Interesse der Siegermacht stand. Die Hallen standen dann eine Zeit lang leer, bis sie als Basis für ein neu aufzubauendes Dieselmotorenwerk für die Schiffbaubetriebe der neuen Deutschen Demokratischen Republik vergeben wurden. Das war 1951. Mit entsprechenden Gesetzesgrundlagen wurde es aus dem Volkseigentum »Deutsche Reichsbahn« ausgegliedert und in das neue Volkseigentum »VEB Dieselmotorenwerk Rostock« (DMR) überführt. Das DMR erweiterte sich in der Folgezeit um eine zusätzliche Produktionshalle und war bis 1990 hier ansässig. Das DMR wurde abgewickelt, von der Treuhand verwaltet und die DR bekam ihre ehemaligen Liegenschaften zurück. Sie sucht nun eine bestmögliche Verwertung. Die Öffentlichkeit profitiert von der jüngsten Entwicklung: Die Erich-Schlesinger-Straße wurde verlängert und durch das Werkgelände zwischen alter und neuer Lokhalle hindurch zur Schwaaner Landstraße über den Standort der früheren Drehsegment-Schiebebühne geführt. Davon haben insbesondere die Bewohner der Schwaaner Landstraße ihren Vorteil, die zuvor wegen des dauerhaft geschlossenen Bahnüberganges einen großen Umweg über die Südstadt machen mussten. Die überwiegende Anzahl der Wohnbauten im nördlichen Straßenabschnitt sind ebenfalls in den 20er Jahren für die Eisenbahner Rostocks errichtet worden.

Die neue Straßenverbindung wurde im Herbst 1998 geschaffen. Die alte Lokhalle, nach Neubau als Tenderwerkstatt genutzt, ist an das Theater als Depot für Bühnendekorationen und Kulissen vermietet. Die große Lokhalle stand Mitte der 90er Jahre für ein Messezentrum Rostock zur Diskussion. Nach Auslagerung und Räumung wurde sie die letzten Jahre als Getreidespeicher genutzt.

Heimatbahnhof für Reisezugwagen

Die Wagenunterhaltung lag in den alten Reichsbahnstrukturen in der Obhut der Bahnbetriebswerke. Am 1. Juli 1955 wurden diese Bereiche herausgelöst und neue, selbständige Bahnbetriebswagenwerke (Bww) mit den Wagenmeistereien gegründet. So ließen sich auch Verantwortungsstrukturen besser voneinander abgrenzen und stellenweise eingetretene Sorglosigkeit im Umgang mit den Wagen vermeiden. Nach der Neustruktur des Bereiches standen dem Bww Rostock folgende Bereiche mit Arbeitskräften zur Verfügung:

Doppelstock-Verbund Wageneinheiten bestimmten von 1952 bis bis 1990 das Bild der Züge zwischen Rostock und Warnemünde. Hier im Bild sind zwei Einheiten mit einer Lok der BR 110 in Mitteltraktion zu einem Zug nach Rostock im Frühjahr 1973 zusammengestellt.
Aufnahme: Schultz

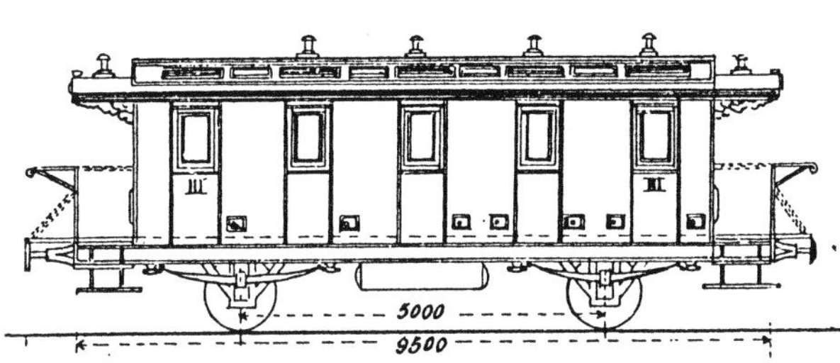

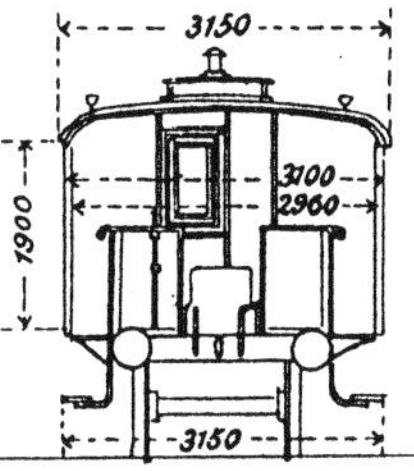

Reisezugwagen im Spiegel der Zeit:
Von oben nach unten:

- zweiachsiger Personenzugwagen aus der Zeit der Jahrhundertwende für Nebenbahnen,
- dreiachsiger Hauptbahnpersonenwagen nach preußischen Normalien; Die Fahrgestelle dieser Wagen dienten ab 1958 den Wagen des »Reko-Programmes«.
- für den internationalen Schnellzugverkehr ab 1903 von der Waggonfabrik Wismar gelieferter 4-achsiger Durchgangswagen. Diese Wagen gab es in 2. und 3. Klasse-Ausstattung. Die 1. Klasse war ausgewählten Abteilen der Wagen der 2. Klasse vorbehalten. Es gab bei der M.F.F.E. aber auch mehrere Wagen mit allen 3 Wagenklassen, die als ABCC Gattung eingestuft waren.
- für Wehrmachtstransporte und ab 1944 auch für zivilen Reiseverkehr genutzte Behelfspersonenwagen der Gattung Mci. Diese aus einem Grundkonzept für Güterwagen entwickelten Behelfspersonenwagen sind bis in die 60er Jahre bei der DR im Einsatz gewesen.

Zeichnungen: Slg. Schultz

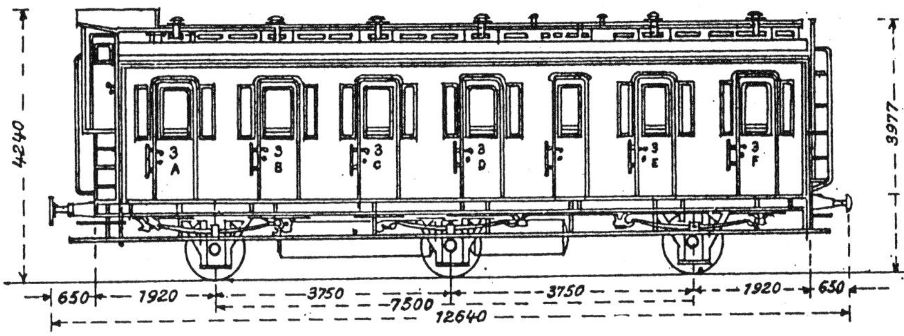

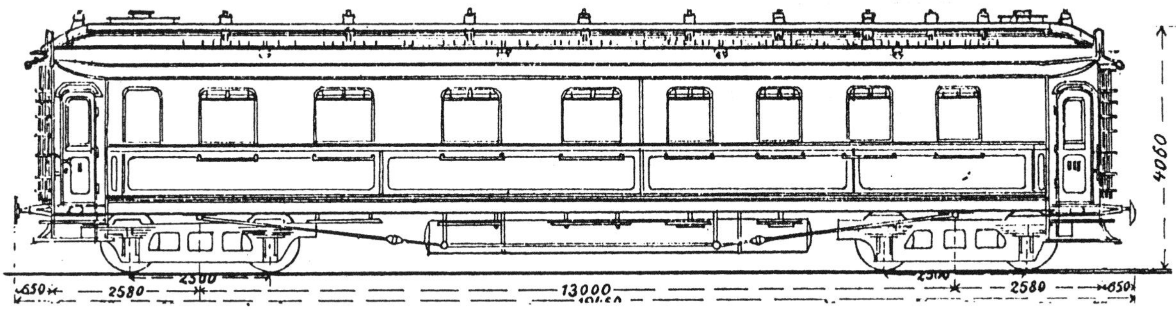

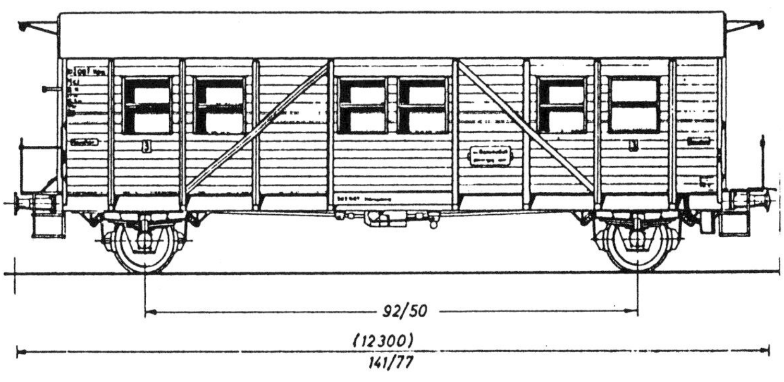

Wagenausbesserungsstelle Rostock Güterbahnhof	28 Beschäftigte
Wagenausbesserungsstelle Wismar	15 Beschäftigte
Wagenausbesserungsstelle Güstrow	10 Beschäftigte
Triebwagenhalle Rostock	6 Beschäftigte
Reisezugwagenausbesserung Rostock Hbf	2 Beschäftigte
Schmalspurwagenausbesserung Bad Doberan	2 Beschäftigte
Reisezugwagenausbesserung Warnemünde	3 Beschäftigte
Zugelektriker	1 Beschäftigter
Zugreinigung Rostock Hbf	40 Beschäftigte
Zugreinigung Warnemünde	10 Beschäftigte
Zugreinigung Bad Doberan	3 Beschäftigte
Zugreinigung Wismar	30 Beschäftigte
Zugreinigung Güstrow	10 Beschäftigte
Ölgasanstalt Bützow	6 Beschäftigte

Die Ölgasanstalt Bützow wurde zwischen 1893 und 1900 gebaut. Sie hatte das Leuchtgas für die Beleuchtung der Reisezugwagen aller mecklenburgischen Wagen bereitzustellen.

Weiterhin gehörten zum Verantwortungsbereich noch die Heizwerke in Rostock Hbf und Warnemünde.

Im Jahr 1955 waren noch 50% aller beheimateten Wagen mit Gasbeleuchtung und 70% aller Wagen mit Holzsitzbänken ausgestattet. Dieser Zustand kennzeichnete die Gesamtsituation der DR, woraufhin das Modernisierungsprogramm beschlossen wurde.

Zum Zeitpunkt der Gründung des Bww Rostock waren in Rostock folgende Reisezugwagen beheimatet:

86	Reisezugwagen Länderbauart Gattung B 4ü
127	Reisezugwagen Länderbauart Gattung B 3
36	Reisezugwagen Länderbauart Gattung B
6	Reisezuggepäckwagen
41	Schmalspur-Reisezugwagen
24	Schmalspur-Güterwagen

Ab Sommer 1960 erhielt Rostock die ersten dreiachsigen Reko-Wagen, die auf der Relation nach Stralsund und weiter bis Saßnitz eingesetzt wurden. Kontinuierlich kamen weitere Wagen dieser Gattung Bag nach Rostock, die nach und nach für ein modernes Zugbild sorgten.

Nach mehreren Umzügen der Dienststelle richtete sie ihren endgültigen Sitz in der Herweghstraße 28 am 01. Mai 1970 ein.

Die Ausbesserungsleistung an Güterwagen betrug im Jahr 1955 4.500 Wagen, 1961 schon 10.324 Wagen. Im gleichen Jahr waren der Rostocker Dienststelle rund 700 Güterwagen zugeordnet.

Die stetige Leistungsanforderung an das Transportunternehmen Eisenbahn und die Verbindlichkeiten mit dem 1963 geschaffenen gemeinsamen Güterwagenpark (OPW) brachten enorme Anforderungen an die Güterwageninstandhaltung der meist hölzernen Aufbauten veralteter Wagen. Einen Vorteil hatten die hölzernen Wagen doch: Löcher bis etwa 30 cm konnte man mit Übernageln eines Blechflickens abdecken. Zusätzliche Anforderungen stellte der ab 1960 einsetzende Güterumschlag des neuen Überseehafens. Die Leistungen stiegen bis 1985 auf 27.500 Wagen, oder 75 Wagen täglich an. Insgesamt waren in diesem Jahr 479 Personen beschäftigt.

Für die Verbesserung des Reiseverkehrs wurde 1971 eine Außenwaschanlage errichtet und in Betrieb genommen. Ebenso wurden Abstellanlagen für Reisezüge erweitert. Der Wagenbestand in Rostock nahm stark zu, 1961 waren schon 260 Personenwagen und 140 D-Zugwagen in Rostock stationiert. Der Bestand an Doppelstockwageneinheiten der Gattung DBv erhöhte sich bis 1974, als die Vorortstrecke nach Warnemünde zur »S-Bahn Rostock« erklärt wurde, auf 18.

Eine richtige Wageninstandhaltung in einer Halle gibt es bis heute nicht. Die Nutzungen der Triebwagenschuppen in Rostock und Warnemünde sowie des Lokschuppens auf dem Güterbahnhof stellten eigentlich Behelfslösungen dar. Schon 1958 war die Dienststelle um einen Neubau bemüht; er sollte auf der Südseite des Gleisfeldes des Hauptbahnhofes, nahe der jetzigen Unterführung am Goetheplatz, errichtet werden. Es blieb beim Plan. Standorte südlich des Hauptbahnhofes, in Biestow oder Dalwitzhof, wurden aus Kostengründen immer verschoben. Viele Instandhaltungsarbeiten fanden bis in unsere heutigen Tage im Freien statt. Nun gibt es einen neuen Plan im Zusammenhang mit der Rekonstruktion des gesamten Hauptbahnhofes. Hoffen wir, dass er umgesetzt werden kann. Die Vorstellungen bestehen zur Zeit in einer 150 m langen Halle und einer umweltgerecht arbeitenden Außenwaschanlage im Werkstattbereich zwischen Lokschuppen, stillgelegtem Heizwerk und bestehender Abstellanlage. Die Realisierung wird für das Jahr 2001 angestrebt.

Beheimatete Reisezugwagen in Rostock 1990 und 1999

1990		1999	
Ame	14	ABy	7
ABme	21	ABbd	5
Bme	26	Bomz	2
Bmh	72	Byu	2
Bws	53	By	37
BD	12	Byz	1
BDms	11	Bybdzf	2
Dg	2	Bbd	7
DBvq	92	DBuz	26
Dbvu	48	DABgbuzf	13
KD	5		
KB	32		
Gbs(Expr.)	9		
Gesamt	397		102

Anmerkung: 1990 umfasste der Wagenpark alle Reisezugwagen für den Fern- und Nahverkehr, 1999 nur die Wagen der DB Regio.

9. Eisenbahnfährschiffbetrieb in Warnemünde

Diese Luftaufnahme vermittelt einen Eindruck von der Bahnhofsinsel aus den 30er Jahren. Neben den Bahnhofs- und Hafengleisen am Kai ist rechts auch noch das Gebäude des Zugangs zum Flughafen erkennbar. Im Fährbett B liegt die »Schwerin«. Aufnahme um 1930.
Aufnahme: Schäfer

Rostock war bereits seit dem 13.5.1850 mit dem bestehenden Eisenbahnnetz verbunden. Die dänische Insel Falster wurde erst 1873 an das dänische Eisenbahnnetz angeschlossen. Im Juli 1871 erteilte der Großherzog Franz von Mecklenburg die Genehmigung zur Einrichtung einer Postdampferlinie Rostock–Nyköbing mit beiderseitigem Anschluss an die Eisenbahn. Per 13.1.1872 erfolgte in Rostock die Gründung der »Rostock-Nyköbing-Dampfschiffahrts-Aktiengesellschaft«. Am 19.5.1873 nahm die Gesellschaft den Dienst mit dem Dampfer »Rostock« auf. Das Schiff lief unter Reichspostflagge und hatte jeweils Bahnanschluss in Rostock und Nyköbing. Diese Verbindung bestand zwölf Jahre, denn 1885 löste sich die Gesellschaft auf. Da der bisherige Dienst nicht ausreichte, suchte man nach einer neuen Lösung. Am 27.11.1878 erhielt der Magistrat Rostock vom Großherzog ein Schreiben mit dem Inhalt, dass zur Zeit Verhandlungen mit Preußen betreffs einer direkten Postverbindung Berlin–Rostock–Warnemünde–Falster–Kopenhagen im Gange seien. Dazu sei der Bau einer Bahnverbindung Rostock–Warnemünde erforderlich. Zum Bau dieser Bahn als Vollbahn werde das Expropriationsgesetz vom 29.3.1845 angewandt. An Landesmitteln würden allerdings nur diejenigen gewährt, wie sie beim Bau von Sekundärbahnen bereitgestellt würden.

Aber erst im Jahre 1882 wurde dieses Projekt vor dem Mecklenburgischen Landtag verhandelt. In Rostock kam es am

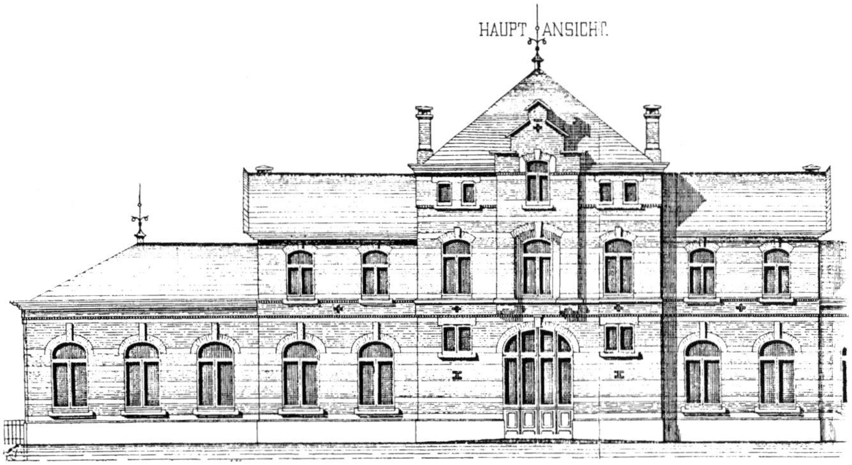

Die nördliche oder straßenseitige Ansicht des ersten Warnemünder Bahnhofsgebäudes in einer Architekturzeichnung. Durch die Empfangshalle mittig führte später der »Tunnel«.
Zeichnung: Slg Schultz

10.6.1883 zur Gründung der »Deutsch-Nordischen Lloyd-Eisenbahn- u. Dampfschifffahrtsgesellschaft« unter starkem finanziellen Beitrag der belgischen Gesellschaft »Societé Belge des Chemins de fer« in Brüssel. Das Kapital der neuen Gesellschaft betrug 15 Mio Mark. Sie errichtete damit die Linie Neustrelitz–Rostock–Warnemünde sowie die Hafenanlagen in Warnemünde und beschaffte die Postdampfschiffe. Die Strecke konnte am 1.7.1886 in Betrieb genommen werden. Gedser auf Falster war inzwischen auch am dänischen Netz angeschlossen. So war eine durchgehende Passagier- und Güterverbindung Berlin–Kopenhagen mit Einschluss der Postdampferlinie Warnemünde–Gedser möglich. Da diese Postdampfer im Hafen Warnemünde selbst nicht abgefertigt werden konnten, wurde im südlichen Teil des Ortes ein Bassin von 450 m Länge, einer Breite von 100 m und einer Wassertiefe von 4,6 m neben dem Bahnhof angelegt. Dieses Becken ist heute noch vorhanden und wird jetzt von der Kvaerner-Werft genutzt. Mit Datum vom 26.06.1886 wurde die Dampferlinie eröffnet. Als Schiffe standen die Raddampfer »Kaiser Wilhelm«, »König Christian« und »Großherzog Friedrich Franz« zur Verfügung. Die dänische Reederei »Det Forenede Dampskibselskap« in Kopenhagen stellte die »Freya« bei, die am 4.7.1894 durch die »Edda« ersetzt wurde.

1894 gingen die Postdampferlinie und die Bahnlinie Neustrelitz–Warnemünde in den Besitz der M.F.F.E. über. Um den Dienst zu erweitern, wurde im Mai 1896 ein Vertrag mit der M.F.F.E. und der dänischen Reederei ausgehandelt, dass ab 6.7.1896 auch Nachtfahrten durchgeführt werden sollten. Ab 1.7.1901 wurde die Linie allein durch die M.F.F.E. unterhalten. Da der Verkehr sich ausweitete (1897/98: 35.409 Personen, 2.669 t Stückgüter, 30.464 Postbeutel und 195.188 Pakete) und die Güter praktisch jeweils in Warnemünde und in Gedser umgeladen werden mussten, zumal auch etliches Groß- und Kleinvieh transportiert wurde, gab es viele Probleme. Seit 1896 fanden offizielle Verhandlungen zwischen dem Deutschen Reich und Dänemark mit dem Ziel statt, die Postdampferlinie in ein Eisenbahntrajekt umzuwandeln. Ab 9.10.1898 gab es dazu Schriftverkehr zwischen M.F.F.E. und der dänischen Staatsbahn. Dies führte am 9.11.1898 zu einem Vertrag über die Errichtung und den Unterhalt einer Dampffährverbindung zwischen Warnemünde und Gedser.

Zum gleichen Zeitpunkt gab es darüber Verhandlungen zwischen der Stadt Rostock und der M.F.F.E. Am 7.12.1898 wurde vom Landtag in Malchin die Vorlage Fährverbindung angenommen. Aus Landesmitteln wurden 5.118.500 Mark bewilligt. Am 2.3.1900 genehmigte der dänische Folketing den Antrag zu dieser Verbindung und sagte 13 Mio Kronen zu. Ein endgültiger Vertrag, der die einzelnen Verantwortlichkeiten regelte, wurde am 1.9.1900 zwischen M.F.F.E. und der Stadt Rostock abgeschlossen.

Am östlichen Ausgang befand sich ein überdachter Zugang zu den Postdampfern nach Skandinavien. Hier liegt der Raddampfer »Großherzog Friedrich Franz IV« an der Anlegestelle im Bassin in Warnemünde. Aufnahme um 1896.
Aufnahme: Archiv Eschenburg

Darin übernahm die M.F.F.E. folgende Baumaßnahmen:

- Herstellung eines Durchlasses in der Warnowzuschüttung
- Bau eines neuen Bahnhofes mit Anbindung an den alten Bahnhof Warnemünde
- Herstellung der Umfassungswände der Fährbetten
- Brücken- und Landanlagen der Fährbetten

Für die Stadt Rostock kamen folgende Baumaßnahmen in Betracht:

- Aufschüttung des neuen Bahnhofsgeländes +2,70 m bzw. 3,00 m ü.NN
- Verkürzung der Ostmole um 80 m, Verlängerung der Westmole um 100 m
- Bau einer neuen Ostmole von 1.100 m Länge mit OK +3,00 m ü. NN
- Anlage eines neuen Seekanals mit 60 m Breite
- Bau einer Drehbrücke über den »Alten Strom« zum Bahnhof
- Anlage einer Fähre vom Bahnhof zur Hohen Düne über den »Neuen Strom«

Für diese Arbeiten erhielt die Stadt Rostock 3.150.000 Mark und musste aus ihren Mitteln noch 550.000 Mark zuschießen. Mit der Ausführung der Arbeiten waren die Rostocker Firma Engert & Ludewig jr. und die Hamburger Firma Fluck betraut. Am 7.9.1900 begannen beide Firmen mit ihren Arbeiten. Bereits am 20.2.1903 waren die Arbeiten am »Neuen Strom« vorfristig beendet. Der Bahnhof in Warnemünde wurde durchbrochen, um die Gleisanlagen zum neuen Bahnhof über den nun geschlossenen »Alten Strom« zu führen. Es entstand dabei das Tunnelhaus, das erst 1985 bei der Elektrifizierung der Strecke weichen musste. Auch die von Seiten der M.F.F.E. zu leistenden Baumaßnahmen wurden durch o.g. Firmen erbracht. Die Bauarbeiten liefen so zügig, dass am 30.9.1903 die Arbeiten beendet waren. Parallel dazu ließ die M.F.F.E. 2 Fährschiffe auf der Schichau-Werft in Elbing bauen, die Radfähre »Friedrich Franz IV.« mit einem Gleis für 10 Güterwagen, hauptsächlich für die Personenbeförderung bestimmt, und das Zweischraubenschiff »Mecklenburg« mit 2 Gleisen für 15 Güterwagen: Die DSB erbaute auf ihre Rechnung die Radfähre »Prinsesse Alexandrine« gleichfalls bei Schichau mit gleichen Abmessungen wie »Friedrich Franz IV.« und die Zweischraubenfähre »Prins Christian« bei der »Aktieselskabet Helsingörs Jernskib og Maskinbyggerie«.

Am 30.9.1903 wurde der Betrieb der Fährlinie im Beisein von Großherzog Franz IV. und sonstiger Honoratioren feierlich eröffnet. Um 10.30 Uhr legte das Fährschiff »Friedrich Franz IV.«, geführt von Kapitän Jantzen, mit der Delegation von 150 Ehrengästen ab und wurde gegen 13.00 Uhr vom dänischen König Christian empfangen. Eine gemeinsame Rückfahrt beider Delegationen führte wieder nach Warnemünde und von dort per Sonderzug nach Rostock, wo im Hotel »Fürst Blücher« ein Festdiner für 200 Ehrengäste zelebriert wurde. Es gab die entsprechenden Ansprachen und für die am Gelingen des Werkes Beteiligten die entsprechenden Orden. Somit begann am 1.10.1903 der öffentliche Eisenbahntrajektverkehr, der ohne größere Unterbrechungen bis zum 1.5.1945 lief. Geleitet wurde der Fährschiffsbetrieb durch die Dienststelle für den Schiffsverkehr für Rostock, die mit einem Betriebsinspektor und einem Kanzlisten besetzt war.

Um einen größeren Schriftverkehr zu vermeiden, wurde zwischen M.F.F.B. und DSB ein Vertrag abgeschlossen, der beinhaltete, dass jede Seite ihre beim Betrieb auftretenden Schäden selbst tragen musste. Bis 1914 fuhr die Fährlinie jährlich etwa 100.000 Mark Gewinn ein. Mit Ausbruch des Ersten Weltkrieges war von 1. bis 21.8.1914 der Fährverkehr unterbrochen. Es fand dann eine strenge Waren- und Personenkontrolle statt. Um die Fährbetten wurde ein 2 m hoher Zaun errichtet. Bei Bahnsteig 7 und 8 befand sich jeweils ein Tor für die Passagiere. Ab 9.9.1917 wurde auf den Fähren der Funkbetrieb eingeführt. Die Anlagen lieferte die Firma Debeg.

Im Jahre 1920 übernahm die neue Reichsbahndirektion in Schwerin den Fährbetrieb. Von Juli bis Dezember 1920 bestand die Gefahr der Auslieferung der Fähren nach England auf Grund des Versailler Vertrages, welcher festlegte, dass der größte Teil der

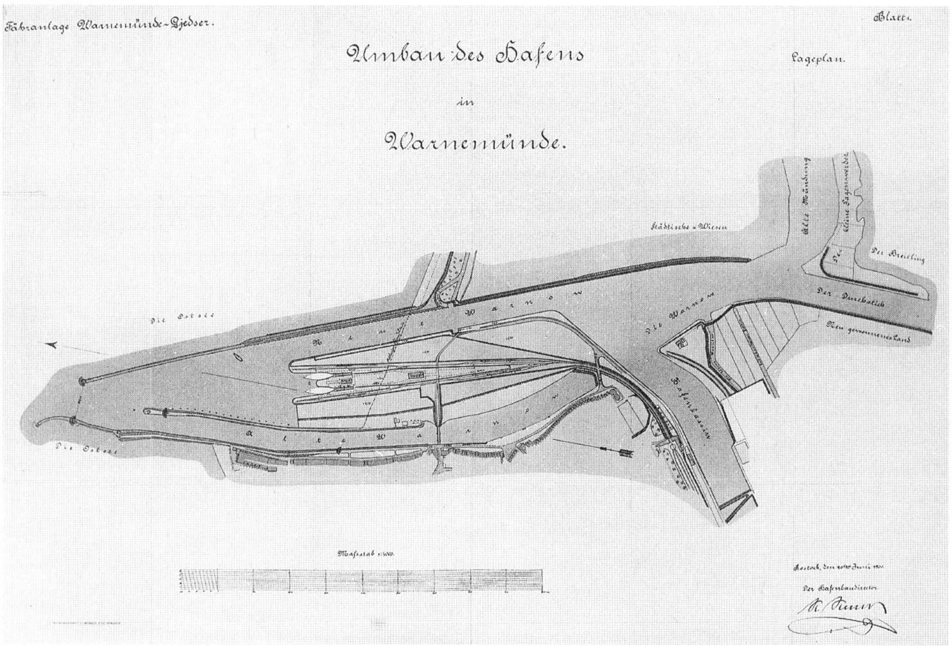

Aus dem Projekt des Umbaus des Warnemünder Bahnhofes stammt dieser Plan mit der Übersicht zur künstlichen Bahnhofsinsel. Die Stromverlegung und das Bassin sind mit den Gleisanlagen der ersten Ausbaustufe dargestellt.
Repro: Stadtarchiv Rostock

Eisenbahntrajektschiffe lösten ab 1903 die Postdampfer ab. Hier sehen wir die »Mecklenburg« mit Reisezugwagen an Bord beim Auslaufen aus Warnemünde um 1910.
Aufnahme: Archiv Eschenburg

Handelsflotte Deutschlands als Reparationszahlung abgeliefert werden musste. Es gelang aber den zuständigen Stellen, die Fährschiffe als Eisenbahntransportmittel zu deklarieren und diese unterlagen somit nicht der Ablieferung.

Die durchschnittliche Gütertransportmenge der Fähren lag bei 200.000 t jährlich. Während des Ersten Weltkrieges wurde 1915 die höchste Leistung mit 450.000 t erbracht. Die Passagierzahlen lagen jährlich bei 130.000 mit starken Schwankungen. Eine sehr

Um 1925 rangiert Lok 89 8065 Güterwagen auf das Fährschiff »Mecklenburg«.
Aufnahme: Archiv Schwerin

1926 ist für die Fährschifffahrt ein großes Jahr: Die Anleger werden erneuert, die »Mecklenburg« wird nach ihrer Verlängerung aus dem Jahr 1906 modernisiert und die neue »Schwerin« kommt zum Einsatz.
Aufnahme: Archiv Eschenburg

hohe Leistung wurde 1938 mit 180.000 Passagieren erreicht. Wegen der schon frühzeitigen Zunahme des Verkehrs unternahmen die Fährbetriebe Umbauten auf den Fähren. Bereits 1905 wurde die dänische Fähre »Prinsesse Alexandrine« um etwa 10 m verlängert. Die gleichen Arbeiten erfolgten 1906 auf der Fähre »Friedrich Franz IV.«, wobei ein zweites Gleis an Deck verlegt wurde. 1924 wurde die Fähre »Mecklenburg« einer Modernisierung unterzogen. 1926 wurde die neue Fähre »Schwerin« in Dienst gestellt. Sie wurde damals als Salonfährschiff bezeichnet. Dafür wurde »Friedrich Franz IV.« außer Dienst gestellt. Bereits 1922 hatte die DSB die neue Fähre »Danmark« in Fahrt gebracht und die »Prinsesse Alexandrine« außer Dienst gestellt und als Reserveschiff bis 1933 vorgehalten. Die »Prins Christian« wechselte dafür auf die Fährlinie Kopenhagen–Malmö. Auf den neuen Fähren konnten die Wagen vor Wetter und Seegang geschützt untergebracht werden. Seit 1926 wurden PKW direkt auf die Fähren verladen, zuvor mussten sie erst auf offene Wagen geladen werden. Die Reisezeit zwischen Kopenhagen und Gedser wurde merklich verringert, als am 26.9.1937 die 3.212 m lange Storestrombrücke die Fährverbindung Orehoved–Vordingborg ersetzte. Nebelperioden brachten zeitweise Verspätungen. Zur Erleichterung der Navigation wurde am 15.11.1927 vor Warnemünde ein kombinierter Unterwasser-Luftschallsender in Betrieb genommen. Diese Anlage war bis 1957 in Betrieb, bis sie durch den Gebrauch von Radar überflüssig wurde. Im Eiswinter 1928/29 driftete die »Schwerin« sieben Tage im Eis, bis sie durch den russischen Eisbrecher »Krassin« befreit wurde. Ab 1.1.1932 konnten die Passagiere über die Küstenfunkstelle Rügen-Radio mit allen Telefonanschlüssen der Deutschen Reichspost telefonieren. Ab 1.6.1932 zog die dänische Seite nach und über die Funkstelle Lyngby-Radio waren alle dänischen Telefonanschlüsse erreichbar. Im Jahr 1930 unternahmen die Fähren auch Sonderfahrten rund um Rügen.

Das Salonfährschiff »Schwerin« wird 1926 in Dienst gestellt. Mit ihrem hohen Ausstattungskomfort wird es bald »Schwan der Ostsee« genannt. Dieses Schiff der DR bestimmte seinerzeit Niveau und Ansehen der Fähren der Ostsee.
Aufnahme: Schäfer, Archiv Schwerin

Ab 1933 kühlten die Verbindungen zwischen dem deutschen und dem dänischen Personal merklich ab, während zuvor enge kameradschaftliche Beziehungen bestanden. Scharfe Kontrollen sollten die Einfuhr von Zeitungen unterbinden. Der Ausbruch des Zweiten Weltkrieges am 1.9.1939 unterbrach den Fährbetrieb nicht. Die »Schwerin« ging vom 28.8. bis 1.11.1939 außer Dienst, da sie als Hilfsminenschiff bei der Kriegsmarine eingesetzt werden sollte, aber nicht zum Einsatz kam. Am 9.4.1940 soll die Schwerin« einen Panzerzug der Wehrmacht zum Einsatz in Dänemark nach Gedser überführt haben. Alle drei Fähren hielten den Betrieb aufrecht. Sie transportierten im weiteren Verlauf des Krieges Nachschub für die Wehrmachtsteile und Verwundete. Die »Schwerin« lag zur Reparatur in der Neptun-Werft, als sie am 20.2.1944 während eines Luftangriffs einen Bombentreffer erhielt. Sie brannte aus und sank am Liegeplatz. Da der Platz benötigt wurde, hob man das Schiff und legte es nach einer Notreparatur in Warnemünde ab. Die Reparatur kostete damals 485.002 Reichsmark.

Die Fähre »Mecklenburg« machte am 1.5.1945 um 16.00 Uhr ihre letzte Fahrt, russische Truppen hatten Rostock bereits besetzt und drangen nach Warnemünde vor. An Bord befanden sich Wehrmachtsgut und Soldaten. Die »Mecklenburg« wurde nach Kriegsende in Gedser interniert und ging in die Gewalt der britischen Besatzungsmacht über, die das Schiff nach Lübeck verlegte. Dort wurde es am 13.3.1946 an die UdSSR übergeben. Die »Danmark«,die während der Kriegsjahre in der Fährlinie mitlaufen musste, wurde am 18.3.1945 durch eine Aktion dänischer Widerstandskämpfer, mit Wehrmachtsgut beladen, in Gedser versenkt.

Somit war der Fährverkehr nach fast 42 Jahren Betrieb für einen längeren Zeitraum unterbrochen.

Zu Beginn des Jahres 1946 unternahm die DR Schritte, das beschädigt in Warnemünde liegende Fährschiff »Schwerin« wieder in Fahrt zu bekommen. Nach den bisherigen Abkommen zwischen DR und DSB war die Abrechnungsgrenze immer »Mitte See« gewesen. Sollte aber wegen Schiffsmangels die DSB den Fährbetrieb allein übernehmen, befürchtete man seitens der DR, dass die DSB als Abrechnungsgrenze »Warnemünde Bahnhof« fordern würde. Die DR hätte dann zukünftig Devisen aufwenden müssen, ohne selbst welche einzunehmen. Die Fähranlagen in Warnemünde hatten den Krieg unbeschädigt überstanden. Aber die Reparaturkosten für die »Schwerin«, fehlendes Material und letztlich die Forderung des Potsdamer Abkommens über die Schiffsablieferungen machten die Pläne der DR zunichte. Am 28.8.1948 erteilte der russische Hafenkommandant den Auftrag zum Abwracken.

Da die Fährverbindung Warnemünde–Gedser für die Außenhandelsbeziehungen Dänemarks, Schwedens und auch Norwegens große Bedeutung hatte, wurde der Fährbetrieb von dänischer Seite 1947 in Betrieb genommen, da er eine wichtige Rolle für den schnellen Transport von Nahrungsmitteln, lebendem Vieh und Stückgut mit kleinen Abmessungen spielte.Die DSB nahm am 10.Mai 1947 den Betrieb allein auf. Dazu war zwischen DSB und SMAD ein Abkommen getroffen worden. Danach fuhr die Fähre

Ein Blick in den Speiseraum des FS »Schwerin« zeigt uns die gediegene Ausstattung mit Lederpolsterstühlen der 20er Jahre.
Aufnahme: Schulz, Archiv Schwerin

»Danmark« im Bedarfsbetrieb. Aber auch die schwedischen Fähren »Starke«, »Drottning Victoria« und »Konung Gustav V« verkehrten vom 1.6.1947 bis 10.3.1948 von Trelleborg nach Warnemünde, da durch Kriegsschäden in Saßnitz und am Rügendamm ein Betrieb nach Saßnitz nicht machbar war. Diese Umleitung erfolgte vom 5.10.52 bis 16.8.53 noch ein Mal, ab dann liefen diese Fähren wieder stetig auf der Linie Trelleborg–Saßnitz. Erst 1960 konnte die DR gecharterte Seebäderschiffe in die Fährlinie für die Zeit vom 18.6. bis 18.9.1960 einbringen. Diese Fahrzeuge waren aber nur bis Windstärke 6 einsetzbar. Von den 372 vorgesehenen Fahrten fielen 40 Fahrten wetterbedingt aus. Diese Reisemöglichkeit wurde von vielen Rostockern und deren Feriengästen genutzt, allerdings ohne Landgang in Gedser. Die DR hatte sich längere Zeit bemüht, eine eigene Fähre dem Betrieb wieder beizusteuern. Eine Diplomarbeit über einen Fährschiffsbau wurde 1955 angekauft, aber nicht verwertet. Auch dänische Fährschiffe waren angeboten, aber der Außenhandel lehnte einen Ankauf ab. Am 6.12.1961 vereinbarte das Ministerium für Verkehrswesen der DDR und das dänische Ministerium für öffentliche Arbeiten, dass die Verbindung durch die Indienststellung eines DDR-Fährschiffes wieder paritätisch durchgeführt werde. Durch die DR wurde daraufhin am 26.5.1963 das Fährschiff »Warnemünde« in Dienst gestellt. Die Fähre war so konzipiert, dass es über den Bug die Linie Gedser–Warnemünde befahren konnte, während es über Heck die Linie Trelleborg–Saßnitz mit breiteren Fährbetten bedienen konnte. Inzwischen hatte seit 1954 die Linie Gedser–Warnemünde Konkurrenz durch die Linie Großenbrode–Gedser bekommen. Da auf dieser neuen Linie die »Danmark« eingesetzt wurde, kam nun die Fähre »Kong Frederik IX.« als Hauptfähre der DSB auf der Linie Warnemünde–Gedser dazu.

Nach fast 60-jähriger Betriebszeit entsprachen die Fähranlagen in Warnemünde nicht mehr den Anforderungen. Die neuen, größeren Fähren brachten größere Massenkräfte auf, die von den alten Leitwerken nicht mehr aufgenommen werden konnten. Ab Juni 1962 wurde das westliche Fährbett umgebaut. Die alten Holzkonstruktionen wurden entfernt und dafür eine Kaimauer aus Stahlbeton errichtet. Eine neue federnde Eisenkonstruktion nahm nun die Massenkräfte beim Anlegen der Fähren auf. Das Portal im östlichen Fährbett wurde erneuert, im westlichen Fährbett wurde das Portal entfernt. Die Tauchtiefe im westlichen Fährbett betrug 5,49 m. Am 20.5.1963 waren diese Arbeiten beendet, so dass die neue Fähre »Warnemünde« die neue Anlage ab 26.5.1963 nutzen konnte. Da im Laufe der Zeit eine Zunahme des LKW-Verkehr eintrat, mussten die Fähranlagen umgestaltet werden. Die LKW mussten nun in Warnemünde und Gedser rückwärts auf die Fähren gebracht werden, um sie vorwärts verlassen zu können.

Von September bis November 1985 überholte die DSB die Fähranlagen in Gedser. Während dieser Zeit wurden die Fähren nach Rödby umgeleitet. Im Jahre 1986 wurde die Linie durch die »Warnemünde« allein befahren. Inzwischen wurde die Vogelfluglinie Puttgarden–Rödby ein ernsthafter Konkurrent für die Linie Warnemünde–Gedser, zumal über die Vogelfluglinie ein direkter Verkehr BRD–Dänemark–Schweden geboten wurde. Seit 1989 wurde die Linie wieder von der »Warnemünde« und einer dänischen Fähre, meist »Frederik IX.« befahren.

Die Grenzöffnung am 9.11.1989 brachte für die Linie Gedser–Warnemünde einen riesigen Aufschwung, da die Fähren nun ohne Ausreisevisum von allen Bürgern der DDR genutzt wer-

In den 30er Jahren entwickelte sich der Straßenverkehr mit seinen Fahrzeugen zu einem festen Bestandteil der Trajektleistungen. Rückwärts rauf und vorwärts runter – so war die Fahrordnung. Im Hintergrund ist ein Schnellzug am Bahnsteig 9 erkennbar, aus dem die Reisenden aussteigen.
Aufnahme: Archiv Schwerin

Lokomotiven der BR 75.10 rangieren in den 30er Jahren die Schnellzugwagen auf die / von den Fährschiffen.
Aufnahme: Egger, Slg. Schultz

den konnten, die davon auch reichlich Gebrauch machten. Da von Seiten Dänemarks dazu noch ein visafreier Verkehr geboten wurde, erfuhr die Linie einen nicht geahnten Aufschwung im Passagier- und Pkw-Verkehr. Ab 1.1.1993 entfielen auf beiden Seiten sämtliche Passkontrollen.

Am 01.01.1992 ging das Management der Fährlinie Warnemünde–Gedser auf den Fährbetrieb Vogelfluglinie über. Die Fährlinien der DR und DB AG bilden ab 1.4.1993 die Deutsche Fährgesellschaft Ostsee mbH (DFO). Da der Güterverkehr auf der Linie Warnemünde–Gedser bereits 1992 eingestellt worden war und für das Trajektieren der Reisezugwagen Berlin–Kopenhagen wegen der Konkurrenz von Puttgarden–Rödby Hafen kein Interesse der DSB und der DB AG vorhanden war, wurde die Eisenbahnfährlinie Warnemünde–Gedser am 23.9.1995 nach fast 92-jährigem Betrieb eingestellt. Am 23.9.1992 um 2.36 Uhr rollten in Warnemünde die letzten Reisezugwagen auf die Fähre nach

1963 setzte die DR ein neues Fährschiff auf der Linie Warnemünde–Gedser ein. Die »Warnemünde« bestach durch ihre Größe und den Komfort der Zeit. Leider blieb den DDR-Bürgern bis auf wenige Ausnahmen die Nutzung vorenthalten.
Aufnahme: Eschenburg

Aufstellung der von 1903 bis 1995 eingesetzten deutschen Fährschiffe auf der Linie Warnemünde–Gedser

Name	Länge	Antrieb	Leistung	Geschwindigkeit	Gleise/Gleislänge	BRT	Bauwerft	Baujahr	
Friedrich Franz IV	85,30	Räder	1.839 2.500	13,5	1 / 79,50	1.405	Schichau	1903	1)
... nach Umbau	103,98				2 / 102,98	1.746		1906	2)
Mecklenburg	86,50	2 Schrauben	1.839 2.500	13,4	2 / 129,0	2.100	Schichau	1903	3)
Schwerin	106,80	2 Schrauben	3.236 4.400	15,5	2 / 161,0	3.133	Schichau	1926	4)
Seebad Ahlbeck	42,95	2 Schrauben	585 796	10,0	- / -	372	Mag	1957	5)
Seebad Binz	42,95	2 Schrauben	585 796	10,0	- / -	372	Mag	1957	5)
Warnemünde	136,32	2 Schrauben	7.060 9.600	18,0	3 / 328	6.148	Neptun	1963	6)

1) 10 Güterwagen
2) 15 Güterwagen, Einsatz bis 1926
3) 1924 Modernisierung, 1935 Umbau, 1946 UdSSR »Turgenjew«, 1947 VR Polen »Kopernik«, 1958 abgewrackt
4) 1937 Modernisierung, 1944 Bombentreffer, 1948 Auftrag zum Abwracken
5) nur für Passagiere
6) 31 Güterwagen bzw. 150 PKW, 800 Passagiere, 30.01.96 nach Italien verkauft

Mag - VEB Schiffswerft »Etkar André« Magdeburg
Neptun - VEB Schiffswerft Neptun Rostock
Schichau - Schichau Elbing

Aufstellung der ab 1994 eingesetzten deutschen Fährschiffe auf der Linie Rostock–Trelleborg (DFO)

Name	Länge	Antrieb	Leistung	Geschwindigkeit	Gleise/Gleislänge	BRT	Bauwerft	Baujahr
Rostock	158,65	2 Schrauben	12.880	20,5	5 / 622	13.788	Bergen	1977
Mecklenburg-Vorpommern	199,99	2 Schrauben	25.200	22,5	6 / 945	36.185	Seebeck	1996

Bauwerften
Bergen - AS Bergens Mechaniske Verksteder (Norwegen)
Seebeck - Schichau Seebeck Werft AG Bremerhaven

Gedser. Um 10.00 Uhr war dann offiziell das Ende des Fährbetriebes von Warnemünde aus gekommen.

Die Gleisanlagen in Warnemünde wurden zurückgebaut und bieten heute Raum für einen Parkplatz. Lediglich die Fährbetten mit den Brücken sind heute noch vorhanden, um den Anspruch bei einer eventuellen Wiederaufnahme eines Fährverkehrs zu sichern.

Mit der Einstellung der Fährlinie Warnemünde–Gedser am 23.9.1995 sind die Aktivitäten der DFO im Fährschiffsbetrieb im Bereich Rostock nicht eingestellt worden. Vom Überseehafen wurde gemeinsam mit der DSB ein Fährbetrieb aufrechterhalten, allerdings werden keine Waggons mehr nach Dänemark transportiert. Im Juni 1996 zog sich die DFO auch aus diesem Bereich zurück. Bis zum Sommer 1999 wurden durch die Scandlines Danmark A/S auf der Route Gedser–Rostock das Fährschiff »Kronprins Frederik« und die Schnellfähre »Berlin Express« eingesetzt. Im Überseehafen wurden neue Fähranleger geschaffen, die auch das Trajektieren von Waggons ermöglichen. So nahm die DFO im Juni 1994 den Fährdienst Rostock–Trelleborg gemeinsam mit der Schwedischen Staatsbahn auf, wobei im Jahresdurchschnitt etwa 42.000 Waggons befördert werden. 1999 wird die Linie mit den Fährschiffen »Mecklenburg-Vorpommern« und »Skåne« der Scandlines AG betrieben.

Die Wiedereröffnung der Linie Warnemünde–Gedser steht zur Zeit nicht zur Debatte. Wichtige Voraussetzungen dazu wären der Anschluss Rostocks an das Autobahnnetz, Installierung einer

Als »Neptun-Express« fuhr bis Mitte der 70er Jahre der dänische Lyntog. Die Triebwagenkurse wurden paritätisch von DR und DSB gefahren. Die Aufnahme bei Ausfahrt aus dem Warnemünder Bahnhof entstand im Juni 1973.
Aufnahme: Asmus

Warnowüberquerung und eine direkte Straßenverbindung zur Fähranlage in Warnemünde. Eine Verladung von Waggons wird es aber nicht mehr geben. Von Zeit zu Zeit werden dazu betreffende Verlautbarungen durch deutsche und dänische Institutionen veröffentlicht, die aber bei der DB AG nicht auf Gegenliebe stoßen.

Entwicklung der Transportleistungen der Fährlinien der DFO (und Partner)

Rostock/Warnemünde–Gedser

	1993	1994	1995	1996
Passagiere	1 006 856	999 535	745 019	116 538
Landgang		350 721	219 633	11 944
PKW	105 248	107 149	98 573	23 983
Busse	5 642	6 287	4 401	1 015
LKW	18 808	17 990	16 937	5 890
Personenwagen	5 818	4 573	2 964	0
Güterwagen	2 524	48	0	0

Rostock–Trelleborg

	1994	1995	1996	1997
Passagiere	80 384	156 612	152 947	185 640
Landgang	1 466	1 684	2 563	6 388
PKW	24 092	45 114	38 633	38 271
Busse	178	398	563	886
LKW	7 738	24 867	28 391	47 099
Personenwagen	0	7	5	1
Güterwagen	23 352	45 139	40 861	42 096

10. Die S-Bahn Rostock

Warnemünde als Fischerdorf und Tor zur Ostsee wurde 1323 von Rostock aus wirtschaftlichen und strategischen Gründen angekauft. Seit dem haben die Verkehrsverbindungen zwischen beiden Orten besondere Bedeutung erlangt. Mit dem Einzug der Eisenbahn in das Land ist Warnemünde 1886 gleichfalls angeschlossen worden.

Damit begann die eigentliche Entwicklung des Ortes. Nicht nur der von Rostock verlagerte Postdampferverkehr wurde zum Grund für einen Eisenbahnbau als (Voll-) Hauptbahn. Erst eingleisig, dann bis 1911 auf ganzer Länge zweigleisig ausgebaut, mit (damals) moderner Stellwerkstechnik ausgerüstet, unterstreicht die Ausstattung die Bedeutung der Strecke für den Personen- und Güterverkehr schon zu damaliger Zeit. Aus dem Reichskursbuch von 1914 entnehmen wir, dass damals zwischen 5 Uhr morgens und 11 Uhr abends mit 25 Reisezügen je Richtung ein recht dichter Vorortverkehr bestand. 21 Minuten Fahrzeit für die Nahzüge bei 2 Unterwegshalten im Hp Ulmenstraße oder Bramow wechselnd sowie Schmarl und 13 min Fahrzeit für die Fernzüge ohne Unterwegshalte bei einem Fahrpreis von 0,20 RM ein beachtlicher Entwicklungsstand. Nach dem Ersten Weltkrieg wurde der Haltepunkt Ulmenstraße bedeutungslos, diente er doch vorwiegend der dortigen Kaserne. 1922 ist für die neuen Wohnbauten der Parkstraße an seiner Stelle, aber 200 m südlicher, der Haltepunkt Parkstraße mit der Straßenunterführung in Betrieb gegangen. Der unfallträchtige Bahnüberweg Fahnenstraße konnte damit geschlossen werden. Der Verkehr kam wegen der Inflation nur schwerlich wieder in Gang, die Verkehrsdichte von 1914 sollte erst in den 30er Jahren wieder erreicht werden. Der Neuaufbau der Wirtschaft hatte Vorrangstellung, aber die Reiselust war auch noch nicht wieder richtig erwacht.

Aufwärts ging es damit erst ab 1924. Doch schon 1930 versetzte die Weltwirtschaftskrise herbe Paukenschläge, die manches Vorhaben zum Stillstand brachte. Davon erholte sich die Wirtschaft nur unter Maßgabe nationalsozialistischer Interessen. Mit staatlichen Arbeitsbeschaffungsprogrammen ist die Wirtschaft von Rostock wieder angekurbelt worden. Viele neue Industrieansiedlungen und Wohnungsbaustandorte entlang der Strecke brachten Berufsverkehrspotentiale mit, für die die Eisenbahn gerüstet werden musste. So gab es Anfang der 30er Jahre erste Planungen für einen Schnellbahnverkehr zwischen Rostock und Warnemünde. Der 1935 geplante Ausbaustand, allerdings mit Dampfbetrieb, ist durch den Lauf der Geschichte praktisch erst nach 1974 erreicht worden. Der ab 1936 verwirklichte Stunden-/Halbstunden-Verkehr mit 7 zusätzlichen Fernzugpaaren auf der Strecke stellte die Blütezeit bis zum Zweiten Weltkrieg dar. Mündlich überliefert ist, dass bei Badewetter sonntags noch Extrazüge eingelegt wurden. Tariflich wurden Anreize zur Eisenbahnnutzung mit der Einführung der Tagesrückfahrkarte für 0,50 RM geschaffen. Das ermöglichte allen Bevökerungsschichten die Bahnfahrt. 1940 verkehrten 28 Zugpaare auf der Strecke, wobei gesagt werden muss, dass nicht alle Züge auf allen Unterwegsbahnhöfen wie Bramow, Marienehe und Schmarl hielten. Zwischen 1936 und 1938 ist die Rollbahn für die Heinkel-Flugzeugwerke gebaut worden. Dazu war es erforderlich, das Streckengleis um 180 m westlich zu verschwenken, um die geforderten Parameter zu erreichen. Nach Fertigstellung der Gleisbauarbeiten wurde der Haltepunkt Marienehe 1938 als Werkverkehrshaltepunkt für die dort ansässige Rüstungsindustrie eingerichtet. Ab 1940 wird er als öffentlicher Haltepunkt geführt.
Der Zweite Weltkrieg brachte unheimliches Leid und Elend in alle bisherigen Entwicklungen. Nicht nur, dass Rüstungsbetriebe wie die Flugzeugwerke oder die Neptun-Werft in Schutt und Asche gelegt wurden, nein, der ganze zivile Bereich war gleichermaßen betroffen. Als die Sowjetarmee am 1. Mai 1945 in Rostock einzog, fand sie ein weites Trümmerfeld vor. Auch die Eisenbahnanlagen waren schwer getroffen. Dazu kam dann der Befehl der Sowjetischen

Personenverkehr im Bahnhof Warnemünde 1900. Ein Zug mit einer Lok der Gattung T 3 ist auf dem Ankunftsbahnsteig eingefahren. Die Wege ankommender und abfahrender Reisenden kreuzen sich ohne die sonst gewohnte Ordnung.
Aufnahme: Slg. Schultz

Ein Personenzug von Neustrelitz nach Warnemünde in den 30er Jahren mit einer Lok der BR 75 kurz vor Rostock.
Aufnahme: Slg. Schultz

Militäradministration, das zweite Gleis der Strecke zwischen Rostock und Warnemünde als Reparationsgut zur Verfügung zu stellen. Das war im April 1946, als alles demontiert wurde, was nicht zur unmittelbaren Aufrechterhaltung des Lebens diente. 1946 ist ein bescheidener Personenzugverkehr zu verzeichnen. Neben zwei Schnellzügen verkehrten wieder sieben Personenzüge je Richtung. Nach der Gründung der DDR 1949 ging es mit dem wirtschaftlichen Aufbau voran.

Die Tarife in ihren Grundstrukturen blieben erhalten, jedoch wurden die Geldbeträge für die Leistungseinheiten verdoppelt. So z.B. in der 3. Klasse jetzt 8 Pf/km anstelle 4 Pf/km ab 1946. Für einfache Fahrten oder Zeitkarten galt der Normaltarif der DR, ansonsten gab es die Tagesrückfahrkarte zum Einheitspreis von 1 Mark. Das neue Zeitalter brachte wieder wirtschaftlichen Aufschwung und eine neue Perspektive. Die ehemaligen Rüstungsbetriebe oder was davon noch übrig blieb, wurde in neue Wirtschaftskonzepte eingebunden. Mit dem Aufbau der Warnow-Werft in Warnemünde sind für deren Berufsverkehr neue Doppelstockzüge zum Einsatz gekommen. Im Berufsverkehr waren täglich 5.000 Personen zu befördern. Das war 1952. Damals existierte noch die 3. Klasse-Bestuhlung, d.h. hölzerne Sitzbänke in Längsrichtung im Untergeschoss und hölzerne Bänke im Obergeschoss. Trotzdem wurde diese viergliedrige Wageneinheit zum Novum im Verkehr. Für diesen Werftberufsverkehr ist der Haltepunkt Warnemünde Werft eingerichtet worden, von wo aus die Arbeiter direkt das Werfttor erreichen konnten. Bis 1959 hielten hier nur die Berufverkehrszüge.

Gleichzeitig mit dem Aufbau der Warnow-Werft belebte sich auch das Arbeitstättengebiet Bramow–Marienehe wieder, diesmal mit friedlich ausgerichteter Produktion. So entstanden hier der Fischereihafen mit Fischverarbeitungbetrieben, Bauwirtschaft und Lagerindustrie, der Bahnhof Bramow gewann auch wieder an Bedeutung im Personen- und Güterverkehr. Der 1945 zum Haltepunkt zurückgebaute Bahnhof Schmarl wurde 1958 wieder zum Kreuzungsbahnhof ausgebaut, um Zugkreuzungen zwischen den Endpunkten der Strecke zu ermöglichen.

Die nächste Baumaßnahme war der zweigleisige Ausbau der Strecke zwischen Hauptbahnhof und Bramow in den Jahren 1963-65 im Vorlauf zu weiteren Verkehrserwartungen aus dem Baufeld Lütten Klein. Der Haltepunkt Marienehe lag bis zur Fortführung des zweigleisigen Streckenausbaus nach Warnemünde 1974 noch als Außenbahnsteig seit 1935 am Warnemünder Streckengleis. Mit dem Bau des Stichgleises von Bramow nach Lütten Klein Süd 1969 wurde der Ausbau der Vorort-Bahnstrecke zur S-Bahn Rostock eingeleitet. Dieses Stichbahngleis ist auf einer neuen Trasse errichtet

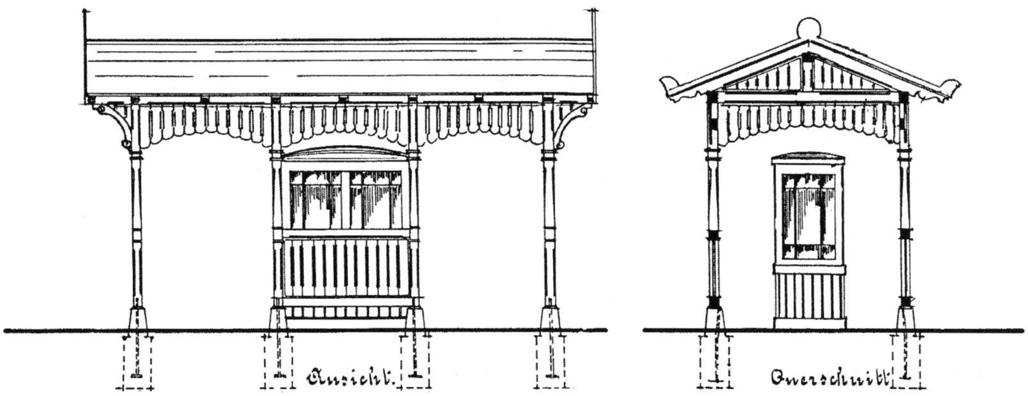

Am Zugang von Bahnsteig 3 befand sich dieses Bahnsteigschaffnerhäuschen mit überdachten Zugängen. Es wurde erst um 1972 abgetragen.
Zeichnung: Slg. Schultz

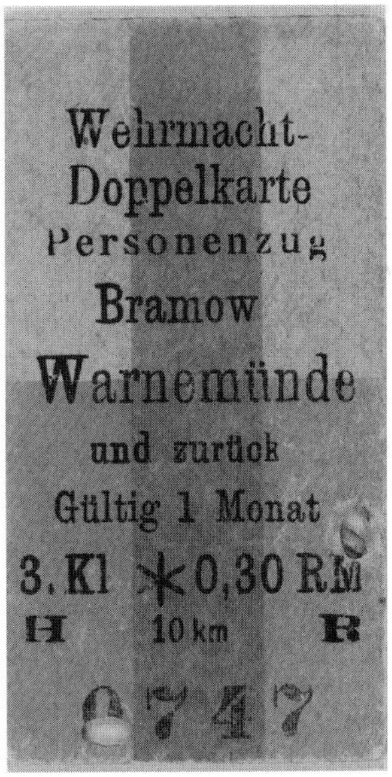

Für 30 Pfennig von Bramow nach Warnemünde und zurück! Zwar eine Militärfahrkarte zum halben Preis, aber doch beachtlich. Der Datumsstempel lautet auf den 09.11.43.
Slg. Schultz

worden. Diese neue Trasse ist in Höhe des Bahnhofes Schmarl um 400 m westlich verschwenkt neu konzipiert worden. An dieser Stelle sei angemerkt, dass die Pläne aus den Jahren 1964-1966 eine neue Trasse durch die Wohngebiete Evershagen, Lütten Klein und Lichtenhagen vorsahen. Aber ein Neuerervorschlag zur Kostenreduzierung ließ den Entfall der beiden Kreuzungsbauwerke über die Stadtautobahn hinter Marienehe und vor Warnemünde Werft planwirksam werden. Ab 2000 kommt nun die Straßenbahn etappenweise zur Wohngebietserschließung bis Lichtenhagen....

Der Bahnsteig Marienehe konnte von den Zügen nach Lütten Klein Süd nicht erreicht und somit von den hier verkehrenden Wendezügen nicht bedient werden. Der Haltepunkt Lütten Klein Süd war der provisorische Endpunkt des geplanten S-Bahn-Ausbaus. Mit den auf dieser Strecke zusätzlich verkehrenden Zügen in den Hauptverkehrszeiten ergab sich für die Lütten Kleiner Fahrgäste eine wahlweise Fahrmöglichkeit zum Zentrum im 30 min Takt ab Bahnhof Schmarl oder mit dazwischen eingelegten Zügen ab Lütten Klein Süd.

Die Zugförderung übernahmen bis 1967 ausschließlich Dampflokomotiven, das Bild der Züge bestimmten die BR 64, vereinzelt aber auch Lok der BR 23 und 38, die an den Endpunkten wendeten. Ab 1965 wurden in Rostock die Dampflok der BR 62 für den S-Bahn Verkehr stationiert. Mit ihnen wurde der Wendezugbetrieb nach Warnemünde eingeführt. Sie blieben bis 1967. Es folgten Diesellokomotiven der BR V 100 mit 950 PS Leistung, die ihre Bewährungsprobe zwischenzeitlich bestanden hatten. Es zeigte sich aber, dass diese Lokomotiven in Mitteltraktion mit zwei Wagenzugeinheiten nach Warnemünde überfordert waren und dann 1970 durch neu georderte Lokomotiven der BR V 180 mit 2x 950 PS ausgetauscht wurden. Damit konnten die Fahrzeiten von 35 min auf 29 min gesenkt werden. 1970 wurde mit dem Bau des Haltepunktes Evershagen begonnen, der dann im Juli 1971 eröffnet wurde. Bis 1970 sind auch alle »normalen« Personenzugwagen gegen 5 weitere Doppelstockeinheiten ausgetauscht worden.

Bis 1964 beherrschten die Lok der BR 64 die Zugleistungen zwischen Warnemünde und Rostock. Hier steht die 64 397 am 21.06.1962 mit abfahrbereitem Zug am Bahnsteig 11 des Hbf Rostock.
Aufnahme: Meyer

Zur Verbesserung des stetig steigenden Verkehrsstromes und zur besseren Übersicht über die Zugverbindungen war der 2. Bauabschnitt der S-Bahn geplant. Er sollte gleich 1971 begonnen werden, aber es wurde 1973 und abgespeckt wurde auch. Mit viel Hektik und Provisorien in der Schlussphase konnte der Inbetriebnahmetermin zum Fahrplanwechsel am 28. Mai 1974 gesichert werden. Damit wurde erstmalig nach 1945 wieder zweigleisig nach

119 a Warnemünde - Rostock und zurück

Alle Züge nur 3. Klasse

km	RBD Schwerin Zug Nr	★ D 16	● D 183		72	234	238	242		244		250	252		
0,0	**Warnemünde** ab	5.18	5.33	...	6.40	8.07	11.35	12.55	...	14.35	...	17.30	19.35	...	...
4,9	Schmarl	|	|	...	6.48	8.15	11.42	13.02	...	14.52	...	17.37	19.42	...	...
7,9	Marienehe	|	|	...	6.55	8.22	|	|	...	|	...	|	|	...	...
9,2	Bramow	|	|	...	7.00	8.27	11.49	13.09	...	15.09	...	17.44	19.49	...	...
11,4	Rostock-Parkstraße	5.36	5.51	...	7.06	8.34	11.56	13.16	...	15.16	...	17.51	19.56	...	...
13,2	**Rostock** Hbf 121r, 118, 119c, e an	5.40	5.55	...	7.10	8.38	12.00	13.20	...	15.20	...	17.55	20.00	...	...

km	RBD Schwerin Zug Nr	231	233	237	241	243			249	251		● D 184			★ D 15
0,0	**Rostock** Hbf 118, 119c, e, 121r ab	5.58	7.28	10.20	12.15	13.45	...	...	16.50	18.55	...	21.35	...	...	22.30
1,8	Rostock-Parkstraße	6.03	7.33	10.26	12.21	13.51	...	...	16.56	19.01	...	21.42	...	...	22.37
4,0	Bramow	6.08	7.38	10.31	12.26	14.05	...	...	17.01	19.06	...	|	...	...	|
5,3	Marienehe	6.13	7.43	|	|	X⊡ 14.08	...	...	|	|	...	|	...	...	|
8,3	Schmarl	6.19	7.49	10.38	12.33	14.15	...	...	17.08	19.13	...	|	...	...	|
13,2	**Warnemünde** an	6.26	7.56	10.45	12.40	14.21	...	...	17.15	19.20	...	21.59	...	...	22.54

● Warnemünde—Halle—Leipzig—Dresden Neustadt und umgekehrt
★ Warnemünde—Güstrow—Neubrandenburg—Berlin Stett Bf und umgekehrt
⊡ Z. 243 hält in Marienehe nur sonnabends

Der Fahrplan von 1946 spiegelt die entbehrungsreiche Zeit wieder. Ein Zeitdokument des Verkehrsangebotes.
Slg. Schultz

Jahrelang ein alltägliches Bild: im 10 min-Takt durchfuhren die S-Bahn-Züge den »Tunnel« in Warnemünde. Hier ein Blick vom Bahnsteig Warnemünde-Werft zum früheren Bahnhofsgebäude. Aufnahme 1979.
Aufnahme: Schultz

Warnemünde gefahren und das auf 4,1 km neuer Trasse, wofür große Erdbewegungen in den nassen Niederungsgebieten erforderlich wurden. Diese neue Trasse war der Kernpunkt des 2. Bauabschnittes, die tangierenden Vorhaben wurden dann bis 1976 fertiggestellt.

Die einheitliche Zugbildung mit zwei zusammengekuppelten DBv-Wageneinheiten und einer Lokomotive der BR 118 (ex V 180) an der Zugspitze Richtung Warnemünde wurde ab 1974 eingeführt. Zuvor verkehrten die Züge nach Warnemünde meist mit Mitteltraktion der Lok. Die Zugfolge erhielt ab 28.9.1974 einen einheitlichen Takt von 10 bzw. 20 Minuten. Mit diesem entscheidenden Fahrplanangebot ist auch der Begriff **»S-Bahn Rostock«** eingeführt worden. Es verkehrten von diesem Tag an 90 Züge mit 135.000 Sitzplätzen je Richtung und Tag. Entsprechend dem hohen Anteil von Jungeisenbahnern (unter 25 Jahre) wurde das Projekt S-Bahn Rostock am 28. September zum Jugendobjekt erklärt. Das war politische Propaganda, hinter der nichts Materielles stand. Sie sollte begeistern und die Mitwirkung als Auszeichnung verstanden werden.

Zur Eröffnung des S-Bahnverkehrs am 28.09.1974 gab die DR für die Teilnehmer des Eröffnungszuges diese Sonderfahrkarte heraus.
Slg. Schultz

Die alte Trasse über Schmarl wurde von diesem Zeitpunkt an stillgelegt und beräumt. Sie ist in der Folge ab 1977 vom Wohngebiet Schmarl überbaut worden. Wer sie heute noch sucht, findet sie südlich von Warnemünde Werft als Rangiergleis des Anschlusses der Kvaerner Werft und als Verbindungsstraße zwischen den Wohngebieten Schmarl und Groß Klein.

Das Verkehrsaufkommen stieg unaufhaltsam mit dem Fortschritt im Wohnungsbau. Bereits 1978 mussten morgens und abends je drei Zugpaare mit drei Doppelstockwageneinheiten gefahren werden. Die Zahl der vorgehaltenen Wageneinheiten erhöhte sich ständig, von 1976 bis 1985 von 19 auf 31, umlaufbedingt waren 27 im Einsatz. Vor dem Einsatz dieser langen Züge mussten

Lok 110 148 vor einem Personenzug von Rostock nach Warnemünde im Bahnhof Schmarl 1974. Reger Personenverkehr kennzeichnet die Situation in der Berufsverkehrszeit zum Wohngebiet Lütten Klein.
Aufnahme: Horstmann

auf einigen Bahnhöfen, wie z.B. Evershagen und Lichtenhagen, die Bahnsteige von 200 m auf 250 m verlängert werden, da diese Zugbildung nicht geplant war und aus der Not heraus eingeführt wurde.

Bis 1980 sollte die 3. Baustufe der S-Bahn realisiert werden. Trotz großer Mühen gelang dies nur teilweise und bis 1983 verzögert. Politik und Wirtschaft konnten die erforderlichen Mittel nicht bedarfsgerecht beistellen.

Inhalt des 3. Bauabschnittes war:
- Gleisbildstellwerke in Warnemünde und Bramow
- Empfangsgebäude Lütten Klein
- Bahnsteiganlage 11/12 im Hbf Rostock
- Abstell- und Reinigungsanlage bei Dalwitzhof
- Bau des Haltepunktes Holbeinplatz
- Umbau des Haltepunktes Warnemünde Werft
- 3. Gleis zwischen Hbf und Bramow
- Umstellung auf elektrische Zugheizung
- automatischer Streckenblock in Fortführung von Bramow bis Warnemünde
- sowie tangierende Maßnahmen, Trafostationen, Fußgängerbrücken u. a.

Realisiert wurden aus dem umfangreichen Programm:
- Gleisbildstellwerk Warnemünde ab 1982
- »Anpassungen« im Stellwerk Bramow
- Bahnsteiganlage 11/12 im Hauptbahnhof 1984
- Bau des Haltepunktes Holbeinplatz 1983 sowie
- Abstell- und Reinigungsanlage in stark minimiertem Umfang 1984

In den Jahren von 1979 bis 1983 wurde das Düngemittelwerk in Poppendorf errichtet. Für die Bau- und Betriebsphase dieses Werkes war ein Schienenpersonenverkehr vorgesehen.

Nach Fertigstellung der Anschlussbahn vom Bahnhof Bentwisch aus mit 7,5 km Länge sind auf vertraglicher Grundlage mit der DR genau definierte S-Bahn-Züge von Warnemünde über den Hauptbahnhof hinaus bis Poppendorf ab 4. August 1982 als Werkzug gefahren. Zeitlich waren sie so gelegt, dass sie auf die Schichtwechsel im Düngemittelwerk abgestimmt waren. Auf dem Rostocker Hauptbahnhof ertönte dann immer die Lautsprecherdurchsage »Der Zug fährt weiter nach Poppendorf als Werkzug, nicht für den öffentlichen Verkehr«. Der Werksverkehr endete 1993.

Bis 1982 verkehrten alle Wagenzüge einheitlich im gewohnten Dunkelgrün. Die Stadt Rostock rief 1982 einen Gestaltungswettbewerb ins Leben, in dessen Ergebnis die DR bei künftigen Fristarbeiten alle Wagen der S-Bahn in meerblau/birkengrau mit braunem Dach (wegen Bremsstaub) umlackierte. Mit der Umlackierung kam auch eine neue Sitzgestühlvariante mit verbesserter Polsterung und Vorrichtungen zur elektrischen Heizung bei elektrischem Zugbetrieb zum Einbau. Der war für 1985 beschlossen. Die DR weigerte sich allerdings, die Lokomotiven der S-Bahn farblich den Wagenzügen anzupassen. Die starken Geräuschemissionen der Diesellokomotiven riefen um 1980 zunehmend Kritiker auf den Plan. Die DR sah sich gezwungen, ab 1981 die Getriebe und die Abgasanlagen der eingesetzten Lokomotiven zu verändern. Der Geräuschpegel konnte um 5 dB reduziert werden.

Ab Herbst 1982 kam es zu einem einmaligen Kuriosum im S-Bahndienst. Um Diesel einzusparen, wurde das Vorheizen der Doppelstockwagen in Warnemünde von einer Dampflokomotive übernommen. Die Überführungen vom Bw am Hauptbahnhof nach Warnemünde wurden vor Planzügen getätigt. Während in der Richtung nach Warnemünde Nahgüterzüge bespannt wurden, fuhren die 50er in der Gegenrichtung vor planmäßigen S-Bahn-Zügen. Das »Provisorium« hielt sich bis zum 29.3.1985, als mit der Bespannung des Psiw 13237 durch die 50 3534 das Dampflokzeitalter in Rostock beendet wurde.

Die Einführung des elektrischen Zugbetriebes wurde Mitte der 80er Jahre ein dringendes Gebot der Zeit. Mit der In-Dienst-Stellung des Umspannwerkes bei Bentwisch für den vom Kernkraftwerk Greifswald bezogenen Industriestrom waren die Voraussetzungen für die Elektrifizierung des Rostocker Knotens gegeben. Der S-Bahn-Verkehr wurde per 30. September 1985 auf elektrischen Betrieb umgestellt. Nun kamen leistungsstärkere Lokomotiven der BR 243 (heute 143) mit rund 5.000 PS anstelle der BR 118 mit 2.000 PS vor den Zügen zum Einsatz. Der neue Fahrplan sah weitere Fahrzeitkürzungen auf 23 min vor. Durch eine bessere Umlaufgestaltung konnte auch die Zahl der Wagenzüge reduziert werden.

Für die S-Bahn Rostock gab es noch einen 4. Bauabschnitt. Er umfasste die Baumaßnahmen zum Überseehafen und sollte ursprünglich bis 1986 realisiert werden. Er konnte weder in der DDR-Zeit noch unter der DB AG realisiert werden. Waren es in der DDR fehlende Mittel, so hat sich nach 1990 das Verkehrsaufkommen derart reduziert, dass die Planungen nicht mehr den realen Anforderungen entsprechen. Mit dem zweiseitigen Bahnsteig des Haltepunktes Dierkow wurde vorerst Schluss gemacht. Nun scheint es endgültig geworden zu sein. Dabei wäre ein weitergehender Ausbau mit einem (wenigstens) 30 min-Verkehr attraktiv und würde der Verbesserung des öffentlichen Verkehrs in den

In Vorbereitung auf die Elektrifizierung waren vielfältige Baumaßnahmen zu realisieren. In Warnemünde wurde der Tunnel abgerissen, die Gleise erneuert und ein neues elektromechanisches Wärterstellwerk »W 1« als zeitlich befristete Lösung für ein Zentralstellwerk in Betrieb genommen.
Aufnahme: Stadtarchiv Rostock

Nordosten und zum größten deutschen Ostseehafen auf ein höheres Niveau anheben. Die Fahrgäste würden ganz allein kommen, wenn denn....

In diesem 4. Bauabschnitt war vorgesehen:
- Einbeziehung des Güterbahnhofes als Haltepunkt »E.-Barlach-Straße«
- Ausbau der Strecke zum Überseehafen auf teilweise neuer Trasse in wohngebietsnaher Lage mit den Haltepunkten Dierkow, Hinrichdorfer Straße, Toitenwinkel, Hafenallee und Überseehafen
- Restvorhaben des 3. BA wie Gleisbildstellwerk Bramow und automatischer Streckenblock
- Neubau des Bahnsteiges 1/2 am Hauptbahnhof, zwischen Personentunnel und Südringbrücke, Bau des Haltepunktes Cassebohm

Realisiert wurde nur der letzte Punkt zum 30.9.1990 und die beiden neuen Warnowbrücken im Rahmen des Programms des zweigleisigen Streckenausbaues bis 1992 und der Elektrifizierung. Die alte Brücke von 1932 war nicht profilfrei und konnte nur stromlos befahren werden. Sie stand noch 1999. Die zweite neue Warnowbrücke ist noch nicht in das Gleisnetz einbezogen und lag bisher demzufolge ungenutzt. Der Streckenausbau begann im Januar 2000.

Hatte die S-Bahn 1985 einen Anteil am städtischen Verkehr von 65%, so drückte die individuelle Motorisierung nach 1994 den

Mit der Einführung des elektrischen Betriebes hat sich die Situation um den S-Bahn-Verkehr merklich entspannt und kürzere Fahrzeiten von 23 min konnten zwischen den Endpunkten angeboten werden. Auf dem Bild sind 1988 drei S-Bahn-Züge auf Bstg. 3, 13 und 14 im Hbf Rostock zu sehen.
Slg. Schultz

Ab 1990 setzte die DR neue S-Bahnwagen ein. Mit niederflurigem Einstieg und als Einzelwagen konnten auch die Zuglängen flexibel gestaltet werden. Hier ein Zug zum Überseehafen im Hp Kassebohm, August 1999.
Aufnahme: Schultz

Anteil auf 35%. Das hatte zur Folge, dass die Zuglängen der S-Bahn auf 5 und heute auf 3 Doppelstock-Einzelwagen reduziert werden konnten. Dabei ergibt sich auch die Frage nach dem Sinn des weiteren Einsatzes von Doppelstockwagen für den S-Bahn-Verkehr. Ein normaler S-Bahn-Triebzug mit 4 oder 6 Wagen analog Hamburg oder anderer Großstädte würde sicher auch genügen. Möglicherweise könnten in Zukunft hier die neuen Triebwagen der BR 445 zum Einsatz kommen. Den mit dem elektrischen Betrieb eingeführten 7,5 min-Verkehr in den Tagesspitzen wollte die DB strecken, aber örtliche Initiativen sicherten dessen Beibehaltung, um die Attraktivität des Angebotes nicht zu schmälern. Nach 1992 sind wiederum neue Wagen zum Einsatz gekommen, die der Niederflurtechnik zuzuordnen sind und einen höheren Ausstattungsstandard aufweisen. Die neuen Steuerwagen weisen ein Abteil 1. Klasse auf und unterscheiden sich durch das neu eingeführte Lichtraumprofil nach SBB 02. Viel Ärger gibt es in der Neuzeit mit dem Vandalismus, keine Züge, Haltestelleneinrichtungen und leider auch Reisende sind vor Randalierern in verkehrsschwachen Zeiten sicher. So muss viel Geld für Überwachung und Sicherheitsdienste sowie andere Dinge aufgewendet werden. Das Geld wäre anderenorts besser anzulegen.

Wie weit darf man heute unter dem Gesichtspunkt der Motorisierungsentwicklung einen Blick in die Zukunft wagen?

Der Fahrgastrückgang ist von 95.000 auf 30.000 pro Tag beziffert worden. An die überfüllten Züge zu DDR-Zeiten können sich alle damaligen S-Bahn-Nutzer schon kaum noch erinnern, es ist Geschichte geworden. Einen weiteren Rückgang wird die Straßenbahnerschließung in Verlängerung von Marienehe aus über Evershagen bis Lütten Klein ab dem Jahr 2003 bringen. Immerhin wohnen die Hälfte der Einwohner im Nordwesten von Rostock. Die Vermeidung von Umsteigevorgängen im öffentlichen Verkehr ist ein Entscheidungskriterium der Fahrgäste.

Aber einen Vorteil behält die S-Bahn – sie ist das schnellste Verkehrsmittel zwischen Rostock und Warnemünde.

Der Bäder- und Ausflugsverkehr nach Warnemünde wird sich nicht wieder auf frühere Größen entwickeln, solange das Auto des Deutschen liebstes Kind ist und anderweitige Restriktionen unreal sind. Im Nordosten, in den Gewerbegebieten vom Seehafen bis Dierkow wird auch nur eine mittel- oder gar langfristige Entwicklung gesehen. Die S-Bahn-Verkehrsentwicklung wird dann anders zu bewerten sein. Als effektives Vorhaben kurzfristiger Art muss jedoch die Einbeziehung des Haltepunktes »E.-Barlach-Straße« auf Grund seiner günstigen Lage zum Stadtzentrum gesehen werden. Das ist ein längst überfälliges Vorhaben im Interesse der künftigen Nutzer. Wer zum Zentrum will, braucht am Hbf nicht mehr in die Straßenbahn umsteigen. Werden die S-Bahn-Züge von Warnemünde bis hierher weitergeführt, ist das Zentrum fußläufig erschlossen. Nach einem kurzen Wendehalt besteht dann immer noch die Möglichkeit der Weiterführung der Züge zum Seehafen, nach Graal Müritz oder nach Ribnitz-Damgarten. Auch weitere Verknüpfungsmöglichkeiten mit dem Regionalverkehr bestehen hier. Die Geschichtsschreibung könnte vermelden, dass nach 150 Jahren der Friedrich-Franz-Bahnhof im Personenverkehr wiederbelebt wird. Leider wird das frühere Empfangsgebäude nicht wieder hergerichtet, es ist entbehrlich und soll verkauft werden.

Der Haltepunkt Kassebohm liegt in einem Wohn- und Arbeitsstättengebiet an der Neubrandenburger Straße nahe des Standortes der ehemaligen Zuckerfabrik Rostock bis 1945.

Nach der zeitgemäßen Modernisierung der Haltepunkte Parkstraße, Bramow, Marienehe, Evershagen und Lichtenhagen zwischen 1991 und 1994 steht noch die Beantwortung aus, was mit dem »Bahnhof« Lütten Klein wird. Zur »IGA 2003« soll der Haltepunkt jedenfalls umgestaltet und modernisiert sein.

Die modernisierten und z.T. mit Aufzügen ausgerüsteten Haltepunkte haben schon wieder eine Reihe von Vandalismus-Akten über sich ergehen lassen müssen. So wurde im Juni 1999 ein Programm der Instandsetzung und weiteren Verschönerung publik. Einbegriffen ist die Fernüberwachung der Haltepunkte, um bei Vandalismus schneller reagieren zu können. Zur Jubiläumsveranstaltung »25 Jahre S-Bahn« am 24.9.1999 wurden alle Anlagen aufpoliert.

In Lütten Klein ist auf der Schmarler Seite ein »Eingangsgebäude« vorgesehen. Es ist aufwendig, hier eine zeitgemäße Lösung zu finden, aber die Durchführung der IGA 2003 setzt Zeichen, ist es doch der nächstgelegene Bahnhof der S-Bahn. Das internationale Publikum sollte nicht enttäuscht werden. Den gegenwärtigen Zustand kann man nicht anbieten, Veränderungen am Tunnel und der Bahnsteige sind ebenso fällig. Letztere sollen als Außenbahnsteige einen direkten Weg zum Busbahnhof ermöglichen.

Der Wohngebäudeteil des alten Empfangsgebäudes in Warnemünde wurde 1998 saniert. Der am hinteren, östlichen Ende stehende Dienstraumteil steht leer und wird sicher abgerissen.
Aufnahme (1999): Schultz

Bleibt noch der Umbau des Bahnhofes Warnemünde Werft, der nach völliger Neugestaltung auch nur noch einen Haltepunkt darstellen wird und durch seine stadtseitige Lage bei Vermeidung der Fußgängerbrücke fahrgastfreundlicher ausfallen wird. Hier kann aber noch kein Zeitraum für den Umbau angegeben werden.

Diese Betrachtungen schweifen schon etwas in die Zukunft. Aus dem aktuellen Geschehen sollen weiter interessante Dinge dargestellt werden.

1998 und 1999 ist der denkmalgeschützte Personenbahnhof Warnemünde mit seinen historischen Bauten saniert worden. Die Bahnsteigsanierung der Bahnsteige 1 bis 3 für den S-Bahn-Verkehr sowie Bahnsteig 4 für den Fernverkehr ist abgeschlossen. Bahnsteig 6 bleibt dem Sonderverkehr vorbehalten, wenn z.B. Sonderzüge nach Berlin für Passagiere der am Kai anlegenden Kreuzfahrtschiffe bereitzustellen sind. Bahnsteig 1/2 hat erstmalig eine Überdachung in modernem Stil erhalten, die sich gut in das Bauensemble einfügt.

Seit dem 24. Mai 1998 gibt es drei S-Bahn-Linien:

S 1 Warnemünde–Rostock Seehafen Nord
S 2 Warnemünde–Rostock Hbf
S 3 Rostock Hbf–Güstrow über Schwaan (Stundentakt)

Der 1999 begonnene Umbau des Rostocker Hauptbahnhofes mit der Schaffung eines separaten S-Bahn-Bahnsteiges wird endlich die erforderlichen Verbesserungen der Verkehrsströme auf diesem Knoten bringen. Die bisherige, zur Gewohnheit gewordene Ungewissheit – wo kommt man an, wo fährt die nächste S-Bahn ab – hat dann ein glückliches Ende gefunden. So fährt man künftig generell von Bahnsteig 1 A nach Warnemünde, von Bahnsteig 1 B in östliche Richtungen ab.

Zugbildungen auf der S-Bahn Rostock

Lokomotiven	
1886 - 1903	2 achs. Tenderlok, M.F.F.E. Gattung T 0
1903 - 1910	3 achs. Tenderlok, M.F.F.E. Gattung T 3
1910 - 1917	3 achs. Tenderlok, M.F.F.E. Gattung T 4
1917 - 1923	3 achs. Tenderlok, M.F.F.E. Gattung T 9
1923 - 1927	Schlepptenderlok der Gattungen P 3, P 4, G 8; DR BR 34, 36
1927 - 1936	Lokomotiven der BR 38, 75, 93
1936 - 1967	Lokomotiven der BR 38, 64
1946 - 1965	Lokomotiven der BR 91, 93, 41, 23
1965 - 1967	Lokomotiven der BR 62
1967 - 1974	Lokomotiven der BR V 100 (110)
1970 - 1986	Lokomotiven der BR 118
1985 - ...	Lokomotiven der BR 243 (DB 143)
Wagenpark	
1886 - 1903	4-5 zweiachsige Personenwagen mit Plattformen
1903 - 1966	4-10 zwei- und dreiachsige Abteilwagen, Gattungen BC, C, D
1966 - 1970	10-12 Reko-Wagen, Gattung B3g, Baag
1951 - 1970	vierteilige Doppelstockwageneinheiten, Gattung DBv
1970 - 1985	vierteilige Doppelstockwageneinheiten, DBv, modernisiert
1985 - 1992	vierteilige Doppelstockwageneinheiten, DBv, 2.Mal modernisiert
1992 - 1997	4-5 Doppelstock-Standardwagen, Gattung DBme und Steuerwagen, Gattung Dbmqe
1997 -	3 Doppelstockwagen, Gattungen Dbuz und DABgbuzf

Ab 1982 wurden die Züge farblich neu gestaltet. In einmaliger Farbkomposition für Rostock wurden alle S-Bahn-Züge in birkengrau/meerblau umlackiert. Im Bild ein in Bahnsteig 3 einfahrender S-Bahn-Zug und am Bahnsteig 4 ein ausfahrbereiter Zug nach Rostock in Warnemünde. Foto 1983.
Aufnahme: Schultz

Ein Blick aus der Vogelperspektive von Evershagen auf das Gewerbegebiet Marienehe 1983. Im Vordergrund ein S-Bahn-Zug zwischen den gleichnamigen Stationen.
Aufnahme: Schultz

Zwischen 1979 und 1985 fuhren im Winter die Züge mit 3 Einheiten, von einer Dampflok vorgeheizt, von Warnemünde nach Rostock. Der letzte Zug erhielt als Vorspann die Dampflok zurück zum Bw Rostock. Aufnahme 1983 bei Ausfahrt Evershagen.
Aufnahme: Schultz

Der Endhaltepunkt »Rostock Überseehafen Nord« ist mit zwei Bahnsteiggleisen ausgestattet. Im Bild eine werbewirksame S-Bahn zur Rückfahrt nach Warnemünde.
Aufnahme (1998): Schultz

Die Güterboden-Anlage 1999, von der Gleisseite aus gesehen. Es ist alles dem Verfall und Abriss überlassen.
Aufnahme: Schultz

Die Verkehrssituation in der Grubenstraße 1990 hielt Herr Asmus im Bild fest. Die Lok der BR 110 hat dem Anschluss des Weinkontors und Kelterei einen Weinfasswagen mit Wein aus Italien bereitgestellt. Im Eckgebäude ist heute die Gaststätte »Zum Kontor« etabliert.
Aufnahme: Asmus

Einem Volksfest gleich wurden die Gleisanlagen des Stadthafens 1991 noch einmal für Fahrten mit Dampflokomotiven und Mitfahrten auf dem Führerstand genutzt.
Aufnahme: Dr. Kabatzke

Für die Volksrepublik China sind Lokomotiven der Bauart V 100 verladen worden. Ein Schwimmkran hebt die auf seinem Deck platzierte Lok in die Laderäume der Schiffe.
Aufnahme: Pressestelle des Seehafens

Ein Blick von der Brücke der Hinrichdorfer Straße auf die Ausfahrgleisgruppe des Hafenbahnhofes lässt in Anbetracht früherer Zeiten wehmütige Gedanken aufkommen ob der leeren Gleise.
Aufnahme: Schultz

Auch er gehört zur Rostocker Eisenbahngeschichte: Der in der Neptun-Werft wiederaufgebaute D-Zug-Wagen, in dem 1917 Lenin die Flucht aus der Schweiz nach Schweden über Rostock–Saßnitz angetreten haben soll. Anlässlich des 50. Jahrestages 1967 wurde er aufgearbeitet und in Saßnitz als Gedenkstätte aufgestellt. 1990 ist er abhanden gekommen. Jetzt fand er sich im Verkehrsmuseum Nürnberg wieder.
Aufnahme: Schultz

Als Stadtexpress verkehrt zwischen Rostock und Tessin ein aufgearbeiteter Triebwagen der BR 628. Hier steht er abfahrbereit am Bahnsteig 5 des Hauptbahnhofes.
Aufnahme: Schultz

Der Bahnhofsvorplatz, wie er der Vergangenheit angehören wird. Mit der Untertunnelung der Straßenbahntrasse in die Südstadt steht hier eine völlige Umgestaltung an. Im Hintergrund das sanierte Direktionsgebäude der Lloyd-Bahn, später Betriebsamt, dann Reichsbahnamt und jetzt Geschäftshaus der Zweigniederlassungen Reise &Touristik und DB Regio.
Aufnahme: Schultz

Wird uns diese Stirnseite des Mittelempfangsgebäudes zwischen den jetzigen Bahnsteigen 3 und 8 erhalten bleiben? Wesentliche Teile des Gebäudes werden abgetragen, um die Übergangsbeziehungen zwischen DB und Straßenbahnverkehr optimal zu gestalten.
Aufnahme: Schultz

11. Güterverkehr

Anlagen für den Güterverkehr

In der Frühzeit der Eisenbahn war der Stückgutverkehr dominierend gegenüber dem Wagenladungsverkehr. So hatte jede Station einen Güterboden für die witterungsgeschützte Zwischenlagerung vor oder nach dem Transport. Die Größen waren je nach berechnetem und erwartetem Güteraufkommen unterschiedlich ausgeführt. Einheitlich war die Bauweise. In Großstädten massiv gemauert, ansonsten in Fachwerkbauweise mit Ziegelausmauerung.

Im vorigen Jahrhundert gab es für »hohe Herrschaften« eine Art »Roll on/Roll out«-Verkehr: Die Herrschaften reisten mit ihrer eigenen Kalesche oder Equipage auch auf der Eisenbahn. Diese wurde über Laderampen auf Flachwagen verladen, die den Personenzügen beigestellt wurden.

Erst später entwickelte sich der Wagenladungsverkehr. Vor allem der landwirtschaftliche Verkehr und die Versorgung industrieller Unternehmen mit Rohstoffen bildeten den Auslöser dieser Entwicklung.

Für die Rostocker Eisenbahngeschichte ist anzumerken, dass nach der Spezialisierung der Bahnhöfe der Central-Bahnhof die ehemalige Lloyd-Bahn-Güterabfertigung als Eilgutabfertigung übernommen hatte. Eilgüter waren Güterwagen, die zur Beförderung Personen- oder anderen schnellfahrenden Zügen beigestellt werden sollten. Beispielsweise seien hier die Gutarten Butter, Fische, lebende Tiere genannt. Die frühere Butterrampe existierte noch bis etwa 1980. Bis zum Ende der DR und der Dienstbriefbeförderung in Reisezügen war in dem Abfertigungsgebäude die Dienstbriefstelle untergebracht. Die DB AG brauchte eine solche Einrichtung nicht und übertrug die Dienstpostbeförderung Dritten. Als letztes Zeugnis ist die zum Teil noch vorhandene Anschrift straßenseitig

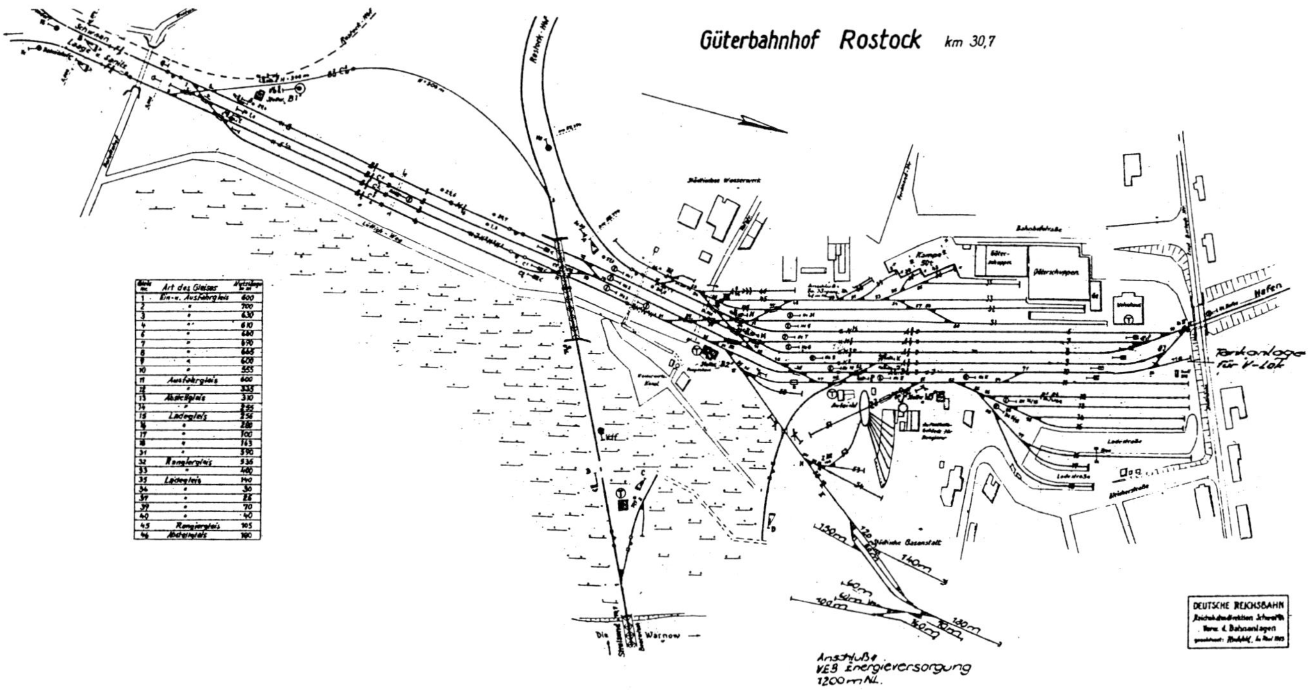

Der inzwischen historische Gleisplan des Güterbahnhofes Rostock, wie er sich bis 1990 darstellte. Das Gelände ist inzwischen fast vollständig von Gleisanlagen beräumt. Eine Neubelebung wird der Bau des Haltepunktes »E.-Barlach-Straße« mit sich bringen.
Zeichnung: Slg. Schultz

auszumachen. Heute ist die Rad-Ausleihstation darin untergebracht.

Der Güterschuppen des Friedrich-Franz-Bahnhofes ist durch seine Bestimmung zum Güterbahnhof für ganz Rostock mehrfach erweitert worden. Die Diensträume und die Bodenflächen für die Güter sind proportional mit dem Gutaufkommen gewachsen. Der Güterboden ist zweimal, 1912 und nach 1923, erweitert worden. Er war in die Bereiche Empfang (Stadt), Versand, Umlade(Knoten-)boden, Behälterboden und Feuerboden (für leicht brennbare Güter) eingeteilt. Als letzte Baumaßnahmen an dem Gebäude sind die Behebung von Kriegsschäden und eine nochmalige Erweiterung auf die Jahre 1956-57 zurückzuführen. Hier ist der Rollbehälterboden eingerichtet worden. Nun war die Ausbaufähigkeit zu Ende. Ersatzweise ist zwischen den Gleisen eine Laderampe errichtet worden, die schnell den Begriff »Rennbahn« für sich verbuchen konnte. Mit Wagen und Karren wurden die Güter vom/zum Schuppen verbracht. Verständlich, dass diese Arbeiten schwer und unbeliebt waren. Die Arbeitskräfte immer bedarfsgerecht verfügbar zu haben, war oft keine leichte Aufgabe, zumal dafür oft ungelernte Arbeiter eingestellt bzw. »angestellt« von anderen Dienststellen waren. Waren 1946 im Tagesdurchschnitt je 20 Wagen im Empfang und Versand zu behandeln, so stieg diese Zahl stetig an. 1988 waren es z.B. 61 Wagen. Der Zulauf von Wagen am Wochenende brachte dann zum Wochenanfang oft einen beträchtlichen Rückstau mit sich, der durch konzentrierte Aktionen schnell abgebaut werden musste. Der Durchschnitt pendelte sich bereits in den 50er Jahren auf etwa 45 Wagen im Versand und Empfang ein, wohlgemerkt Stückgutverkehr, kein Wagenladungsverkehr! Der totale Abbruch kam mit der Wende und der freien Marktwirtschaft, als unbegrenzt LKW-Transportkapazitäten verfügbar waren.

Ferner gab es in Rostock noch den Güterschuppen auf Bahnhof Warnemünde Güterbahnhof, eine Eilgutabfertigung in Warnemünde und die Zollgüterabfertigungen im Stadthafen und in Warnemünde. Hinzu kommt die nach 1950 errichtete Anlage des Güterbahnhofes in Bramow, die heute auch an Fremdfirmen vermietet ist.

Stadthafenanschluß

Die Rostocker Kaufleute besaßen 1850 eine Flotte von 263 Schiffen. Im gleichen Jahr wurden allein 28.300 t Getreide exportiert, während 1851 der Import 31.000 t betrug. Die Hauptimporte umfassten Steinkohle aus England, Holz aus Skandinavien, Weine und Kolonialwaren aus Frankreich. Die Umschlagsmengen nahmen laufend zu, zumal 1863 innerhalb Mecklenburgs die Zölle aufgehoben wurden. Aus alten Unterlagen ist ersichtlich, dass in den Haupterntemonaten Juli bis Oktober oft mehrere hundert Pferdegespanne die Verkehrswege in der Stadt überlastet haben. Daher ergab sich die Notwendigkeit, 1851 den Hafen mit der Bahn zu verbinden, um die betreffenden Güter aus der Umgebung für den Umschlag an- bzw. abzufahren. Dazu musste nördlich des Friedrich-Franz-Bahnhofes die »Grube«, ein offener, wasserführender Nebenarm der Warnow, übermauert werden. Auf der Decke wurde dann das Gleis vom Friedrich-Franz-Bahnhof in den Stadthafen verlegt. Das Gleis war 1853 fertig, während die Uferanlagen im Hafengebiet erst später fertiggestellt wurden. Die Kosten dieses Projektes waren mit 72.000 Thalern veranschlagt, wovon die Stadt Rostock 34.000 Thaler beitragen musste. Somit dürfte

Eine stimmungsvolle Aufnahme von der Fischerbastion auf die Strandstraße mit Güterwagen des Hafenumschlages auf dem Verbindungsgleis zum Hbf. Posten 222 ist der letzte Posten der früheren Lloyd-Bahn, von Neustrelitz aus gerechnet. Foto um 1920.
Aufnahme: Slg. Schultz

Eine historische Ansicht aus den frühen Tagen des Güterbahnhofes um 1900. Der Blick auf die Schule wäre wegen des Baumbestandes heute nicht mehr möglich. Interessant ist der Blick auf den historischen Giebel des Güterbodens der 1. Bauphase, wo die Güterwagen für die Ladeprozesse hereingefahren wurden.
Aufnahme: Stadtarchiv, Repro einer Postkarte

Im Mai 1993 bot sich dem Betrachter von der Brücke der E.-Barlach-Straße noch dieses Bild vom Güterbahnhof. Abgestellte, nicht benötigte Güterwagen bestimmen die Szenerie. Im Vordergrund der letzte Posten der Friedrich-Franz-Bahn. Er hat sich von 1850 bis heute erhalten, wenn auch ohne Weichenwärter.
Aufnahme: Schultz

Rostock einen der ältesten Hafenanschlüsse in Deutschland erhalten haben. Ohne diesen Bahnanschluss wären die steigenden Getreideexporte nicht möglich gewesen. Obwohl die Getreidemengen in den einzelnen Jahren recht unterschiedlich ausfielen, war insgesamt eine steigende Tendenz zu verzeichnen.

1865	33.700 t
1890	16.078 t
1900	45.472 t
1913	161.593 t

Im Jahre 1913 gelangten zusätzlich 38.416 t Zucker zur Verschiffung.

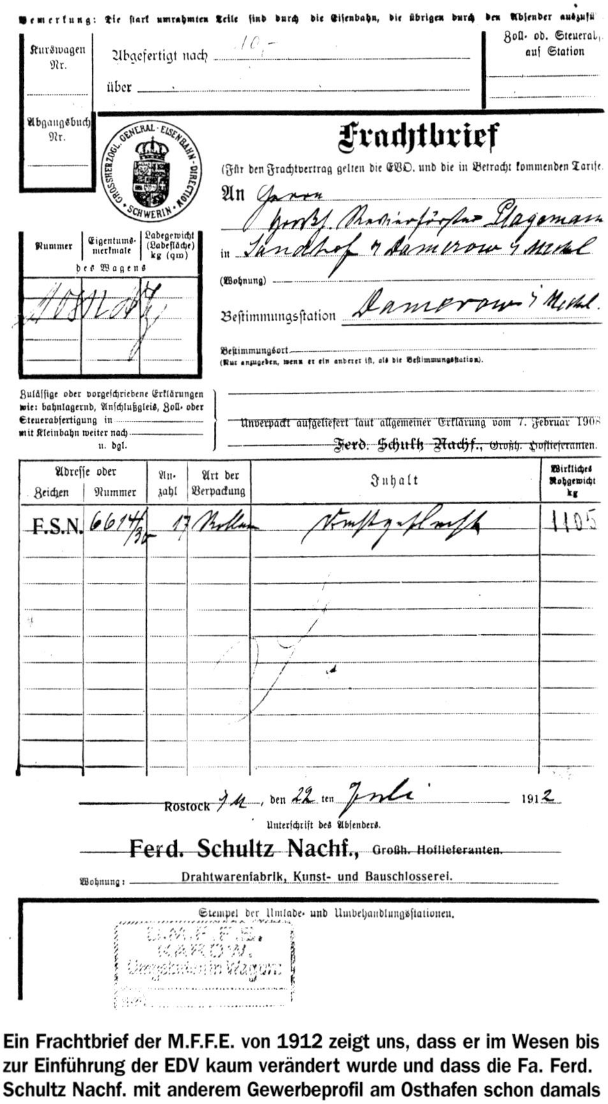
Bemerkung: Die stark umrahmten Teile sind durch die Eisenbahn, die übrigen durch den Absender auszufüllen.
Kurswagen Nr.
Abgefertigt nach
über
Zoll- od. Steueramt auf Station
Abgangsbuch Nr.
GROSSHERZOGL. GENERAL-EISENBAHN-DIRECTION SCHWERIN
Frachtbrief
(Für den Frachtvertrag gelten die EVO. und die in Betracht kommenden Tarife.)
An
in Sandhof b. Damerow i. Meckl.
(Wohnung)
Bestimmungsstation Damerow i. Meckl.
Bestimmungsort
Nummer | Eigentumsmerkmale | Ladegewicht (Ladefläche) kg (qm) des Wagens
Zulässige oder vorgeschriebene Erklärungen wie: bahnlagernd, Anschlußgleis, Zoll- oder Steuerabfertigung in ... mit Kleinbahn weiter nach ... u. dgl.
Unverpackt aufgeliefert laut allgemeiner Erklärung vom 7. Februar 1908
Ferd. Schulth Nachf., Großh. Hoflieferanten.

Adresse oder Zeichen	Nummer	Anzahl	Art der Verpackung	Inhalt	Wirkliches Rohgewicht kg
F.S.N.	6614/31	17	Rollen		1105

Rostock, den 22 ten Juli 1912
Unterschrift des Absenders.
Ferd. Schultz Nachf., Großh. Hoflieferanten.
Wohnung: Drahtwarenfabrik, Kunst- und Bauschlosserei.
Stempel der Umlade- und Umbehandlungsstationen.
G.M.F.F.E. KAROW

Ein Frachtbrief der M.F.F.E. von 1912 zeigt uns, dass er im Wesen bis zur Einführung der EDV kaum verändert wurde und dass die Fa. Ferd. Schultz Nachf. mit anderem Gewerbeprofil am Osthafen schon damals existierte.
Abb: Slg. Schultz

Sukzessive wurden die Bahnanlagen im gesamten Stadthafen erweitert. Um 1894/95 wurde die Hafenbahn umgebaut, um die Kapazität zu erweitern. Das Projekt sah die Verbindung der Hafenbahn vom Lloyd-Bahnhof, die 1886-90 errichtet wurde, mit der vom Fr.-Fr.-Bahnhof vor. Ursprünglich wurde der Anschluss vom Fr.-Fr.-Bahnhof über eine Drehscheibe am Standort des jetzigen, 1934 errichteten Speichers hergestellt. Nach Ausbau der Drehscheibe sind nach einem Gleisbogen aus der Grubenstraße mit einem Radius von 180 m Gleisverbindungen über Weichen hergestellt worden. Prompt gab es mehrere Einwände wegen der Beeinträchtigung des Pfingstmarktes. Dieser Markt wurde seit 1390 'Am Strande' durchgeführt und war seitdem ein gesellschaftlicher Höhepunkt in der Stadt. Es gab eine Resolution an die M.F.F.E. mit folgendem Inhalt:

1. Der Verein sieht in der neuen Verbindung Grubengleis und Hafengleis eine Gefährdung der Existenz des Pfingstmarktes in der Strandstraße.
2. Rat und Bürgerschaft sollten ihre Zustimmung nur geben, wenn sich Regierung und Bahn verpflichten, dem Betrieb des Pfingstmarktes an seiner Stelle keine Hindernisse in den Weg zu legen.

Der angestiegene Verkehr brachte aber für die anliegenden Einwohner auch Störungen und Belästigungen. Im Rostocker Anzeiger vom 28.8.1897 wird über Übelstände in der Grubenstraße und im Hafen geklagt. Der ausgedehnte Verkehr in der Grubenstraße behindere das Publikum. Züge mit 100 Achsen seien die Regel, aber auch Züge mit 120, 140 und 160 (?) Achsen werden gefahren. Keuchend und schnaufend ziehen die Lokomotiven diese Züge, schwarzer Qualm erfüllt die Grubenstraße, Fenster können nicht mehr geöffnet werden. Die Häuser erzittern in den Grundmauern. Früher gingen Wärter mit einer Handglocke den Zügen voraus, heutzutage hört man laufendes Bimmeln und schrilles Pfeifen. Es ist einfach ein nervenerschütterndes Geräusch, daher bestehe die Gefahr des Scheuwerdens der Pferde. Zukünftig solle das Pfeifen untersagt werden. 30, 40 und mehr Fuhrwerke müssen auf eine Durchfahrt warten, Geschäftsleute versäumen kostbare Zeit, Beamte verpassen Bürostunden. Erwachsene und Jugendliche kriechen unter den Wagen durch und bringen sich dadurch in Gefahr. Bei Arbeiten an den eisernen Kalkwagen werden die Deckel zugeknallt, beim Abladen von Eisenträgern entsteht ein furchtbares Gepolter. Ein ganz herrlicher Duft zieht durch die Straßen, wenn Waggons mit Knochen beladen werden. Alles in allem, für das Publikum ein unhaltbarer Zustand.

Aber der Betrieb ging ohne größere Veränderungen weiter. Im Zuge der allgemeinen Verbesserung der Verkehrsituation erfolgte 1912/13 ein neuer Brückenschlag über die Warnow. Die hölzerne Klappbrücke unterhalb des Petritores wurde durch eine Stahlkonstruktion ersetzt. Sie bestand aus zwei Klappteilen, um die Schifffahrt bis Bützow/Güstrow weiterhin zu ermöglichen. Davon diente ein Teil dem Straßenverkehr, das andere war für einen später konzipierten Eisenbahnverkehr über Dierkow nach Markgrafenheide und Rosenort vorgesehen. Es wurde aber nur das Stammgleis für die Anschlüsse im Gewerbegebiet Osthafen in den 20er Jahren verlegt.

Die Lloyd-Bahn errichtete bis 1890 ihren eigenen Anschluss zum Hafen. Das Gleis führte aus dem Central-Bahnhof als

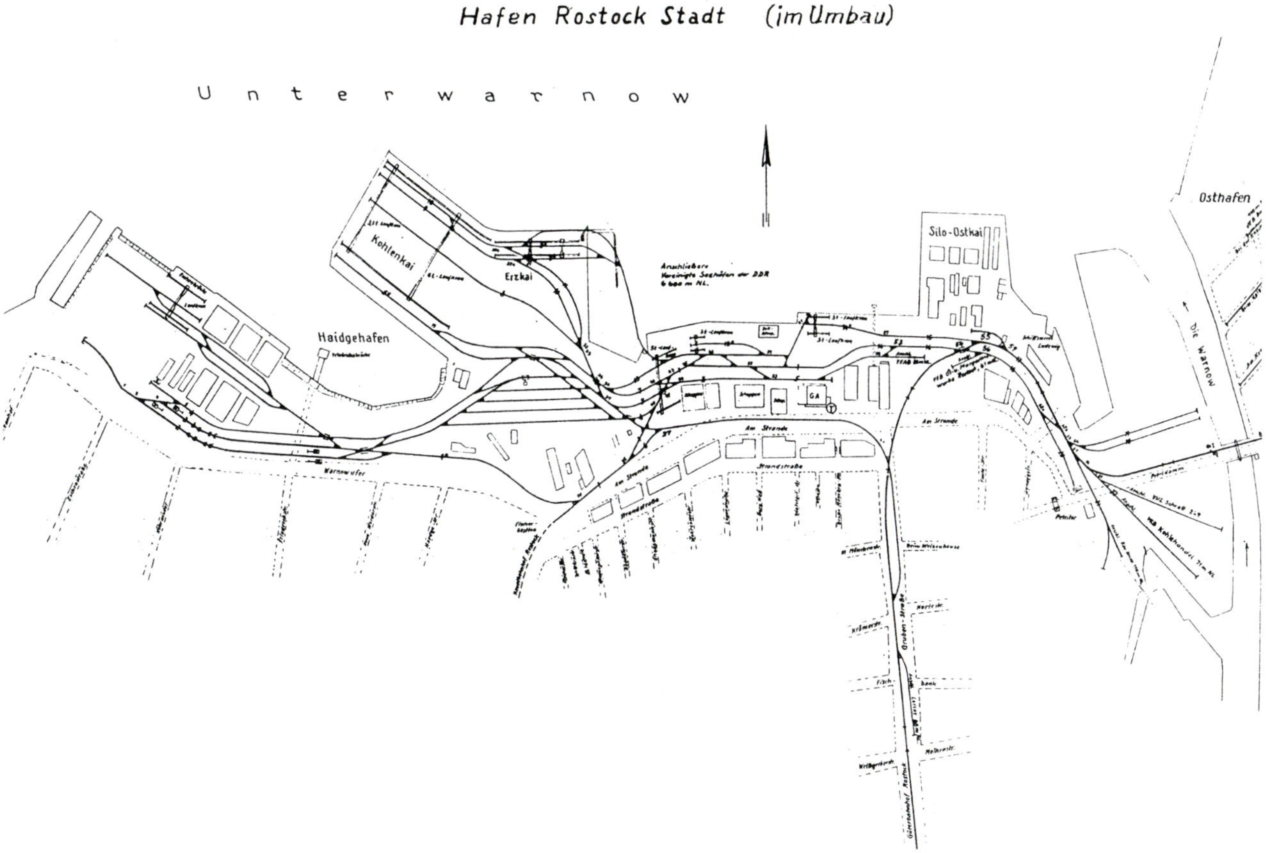

Dieser historische Gleisplan zeigt die Gleisanlagen des Vorkriegsstandes und bis in die 50er Jahre, vor dem leistungsgerechten Umbau der Hafenanlagen.
Zeichnung: Slg. Pfafferott

Ein Blick durch die Brücke der E.-Barlach-Straße auf den Güterbahnhof 1999. Wie ein Mahnmal steht das Rangiersignal noch heute, obwohl sich schon lange kein Rad mehr dreht.
Aufnahme: Schultz

Historisch ist diese Aufnahme von der ehemaligen Güterabfertigung Rostock Hafen. Hier wurden bis 1992 die kommerziellen Geschäfte des Eisenbahngüterverkehrs des Stadthafenbereiches mit seinen Anschlüssen abgewickelt. Die Dienstgebäude wurden 1997 abgerissen, der unter Denkmalschutz stehende Boden, fälschlicherweise als »Lokschuppen« vom Eigentümer bezeichnet, steht noch heute und wird für Großveranstaltungen mit einfacher Gastronomie genutzt.
Aufnahme (1990): Schultz

Verlängerung von Gleis 1 in Richtung Vögenteichplatz, unterquerte die heutige Schröderstraße durch einen gemauerten Tunnel und gelangte so in den Wallgraben. Weiter unterquerte das Gleis die Brücken vor dem Kröpeliner Tor sowie am Kanonsberg. In Höhe des heutigen Großparkplatzes traf das Lloyd-Gleis auf die Anlagen der Hafenbahn am Posten 222. Der Lloyd-Bahn-Hafenanschluss hat in der St.-Georg-Straße eine achtteilige Schrankenanlage erhalten, die sich im Laufe der Zeit als arges Verkehrshindernis entwickelte. Daher legte man 1936 das Hafengleis vom Hauptbahnhof zum Stadthafen still. Es soll hier aber auch in den Folgejahren noch vereinzelt zu Fahrten gekommen sein. Ab 1944 wurde der Wallgraben zwischen Kröpeliner und Grünem Tor mit Trümmerschutt verfüllt. Heute erinnern nur noch Gewölbereste unter der Schröderstraße und die an sich sinnlos erscheinende Brücke des Fußweges zur Fischerbastion daran.

1936 wurden im Hafen ca. 300.000 t, hauptsächlich Getreide, Zucker, Kohle, Holz und Baumaterialien, umgeschlagen. Der Hafen selbst hatte mit der industriellen Entwicklung in Deutschland nicht Schritt gehalten. Eine gesteigerte Entwicklung fand erst nach 1945 statt. Reparationslieferungen an die UdSSR, eigener Außenhandel und Transite aus der CSSR, Ungarn und Bulgarien ermöglichten eine Steigerung des Umschlags. Fast alle Güter wurden per Bahn an- bzw. abgefahren. Transporte per LKW waren selten und erreichten erst im Laufe der nächsten Jahre Steigerungen. Da die Gleisverbindung vom Hauptbahnhof mit Trümmerschutt verfüllt war, begann man mit dem Bau einer Gleisverbindung vom Bahnhof

Im Frühjahr 1999 begannen die Abbrucharbeiten des Güterbahnhofes, Oberleitungsmasten, Gleise und Signale, alles musste weichen. Die Tage des neu eingedeckten Stellwerkes »B 2« sind auch gezählt, denn ein mechanisches Hebelbankstellwerk wird für einen S-Bahn-Haltepunkt auch nicht mehr benötigt.
Aufnahme: Schultz

Diese Sammlung historischer Güterwagen im Ensemble mit dem Güterboden der Zollgüterabfertigung und der Restgleisanlage stellen ein Denkmal an den früheren Rostocker Eisenbahngüterumschlag im Stadthafen dar.
Aufnahme: Schultz

Dieses Planum trug bis 1998 die dreigleisige Einfahrgleisgruppe und das Gleis des Ablaufberges zum Güterbahnhof. Es wird nicht mehr lange dauern, dann sind die Brücken auch Geschichte. Mit dem zweigleisigen Streckenausbau werden sie ersatzlos zurückgebaut und durch einen Damm ersetzt.
Aufnahme: Schultz

Bramow aus über das Anschlussgleis »Margarinewerk« zum Kabutzenhof. Am Ende der Anlagen der Neptun-Werft baute man eine Brücke zu den anderen Anlagen des Hafenbereiches. Am 1. April 1949 war es soweit, der erste Zug fuhr von Bramow aus in den Stadthafen. Politprominenz und der sowjetische Stadtkommandant wohnten diesem Ereignis bei. Der Zug kam in Schrittgeschwindigkeit im Hafen an. Das war die einzige Fahrt geblieben, denn die in aller Eile errichtete Brücke war den Zuglasten nicht gewachsen. Bald wurden die Gleise auch zurückgebaut.

Der Umschlag erhöhte sich von 922.000 t im Jahre 1947 auf 1,5 Mio. t im Jahr 1951. Damit hatte der Hafen Rostock seine obere Kapazitätsgrenze erreicht, eine Erweiterung war aber räumlich nicht möglich. Der Umschlag sollte mit dem Neubau des Überseehafens eingestellt werden, aber dazu ist es nicht gekommen, da der Nachschub für die Rote Armee der Sowjetunion in der DDR über den Stadthafen gehen musste. Erst 1991 wurde der Umschlag im Stadthafen mit Ausnahme eines Silos eingestellt. Daraufhin ist die Hafenbahn im Stadthafen und Osthafen in den Jahren 1991 bis 1995 abgebaut worden, ein kleines Reststück am ehemaligen Zollgüterschuppen wird vom Mecklenburgischen Eisenbahnverein e.V. zum Aufstellen seiner historischen Wagen genutzt. Der Zollgüterschuppen der M.F.F.E. wurde auf Betreiben dieses Vereins unter Denkmalschutz gestellt und vom neuen Besitzer 1998 vollständig überholt. Er wird zeitweise als Veranstaltungsraum mit einfacher Gastronomie unter der nicht exakten Bezeichnung »Lokschuppen« genutzt.

Überseehafen und Hafenbahn

Wie bereits erwähnt, hatte der Stadthafen Rostock seine Kapazitätsgrenze erreicht. Nach einer umfangreichen Standortuntersuchung fiel die Wahl für einen neuen Seehafen auf einen Platz am Breitling nördlich Rostocks, einer Ausbuchtung der Warnow. Hier hatte es schon einmal Pläne für einen Kriegshafen gegeben. Es gab genügend Platz für einen Umschlaghafen und auch für die Anlage eines neuen Güterbahnhofes. Am 19. Oktober 1957 fiel die Entscheidung in Berlin und bereits am 26.10.1957 wurde durch den Oberbürgermeister Rostocks, Herrn Solisch, symbolisch der erste Spatenstich vollzogen. Der Hafenbau erforderte nun gleichzeitig die Errichtung einer Hafenbahn mit dem Anschluss an das bereits bestehende Netz. Es war festgelegt, dass die An- und Abfuhr hauptsächlich durch die DR erfolgen sollte. Eine Kostenberechnung ergab für den Bahntransport 3,55 Pfennig/tkm, dagegen für LKW-Transport 21 Pfennig/tkm. Ein Binnenschifffahrtsanschluss zum Saaler Bodden war ursprünglich vorgesehen, wurde aber später nicht realisiert, so dass sich der Haupttransport über die Bahn erstrecken musste. Ein Anschluss an eine geplante Autobahn Berlin–Rostock war aber dennoch vorgesehen. Gleichzeitig mit Baubeginn des Überseehafens (ÜSH) wurden die Gleisbauarbeiten in Angriff genommen. Die DR errichtete zunächst

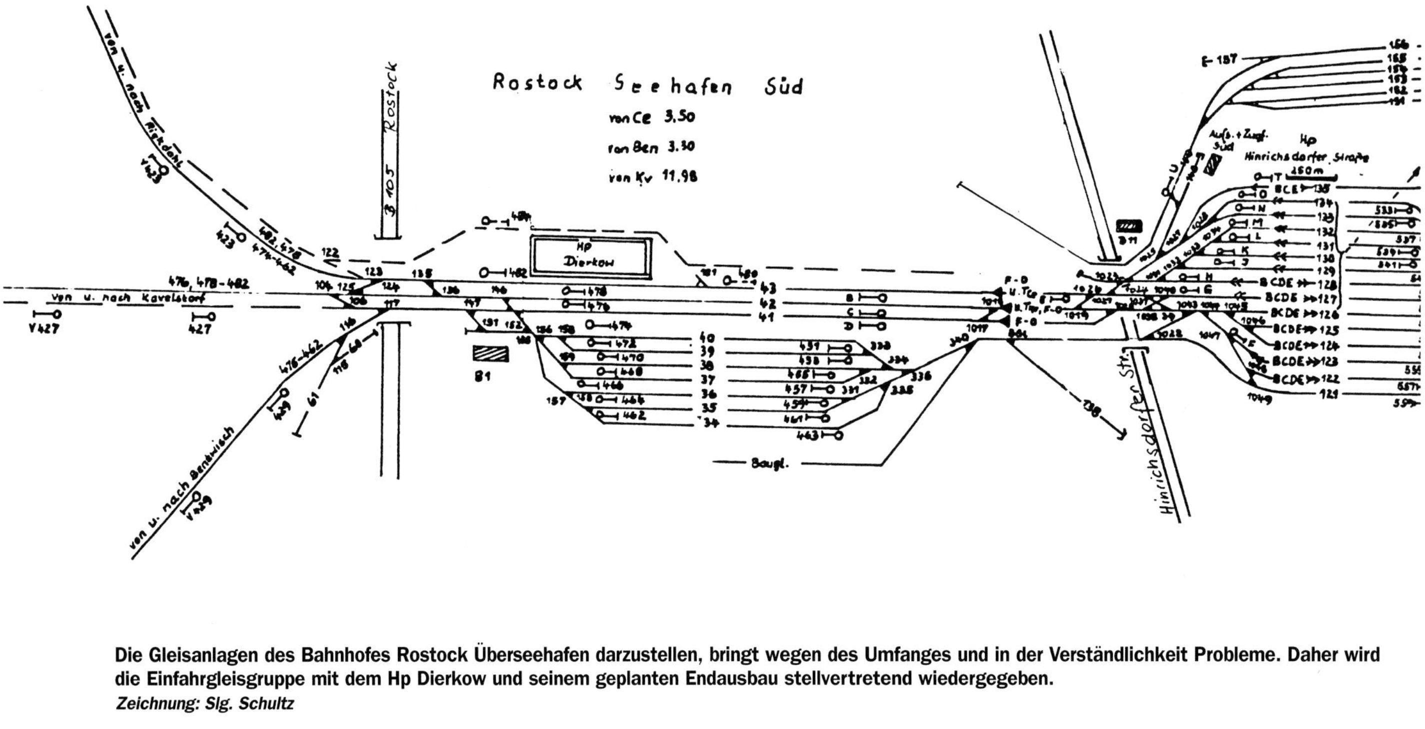

Die Gleisanlagen des Bahnhofes Rostock Überseehafen darzustellen, bringt wegen des Umfanges und in der Verständlichkeit Probleme. Daher wird die Einfahrgleisgruppe mit dem Hp Dierkow und seinem geplanten Endausbau stellvertretend wiedergegeben.
Zeichnung: Slg. Schultz

Schwer war der Anfang: In einem alten Wagenkasten war 1960 das erste mechanische Stellwerk der Hafenbahn untergebracht.
Aufnahme: Slg Schwarz

ein Verbindungsgleis vom Güterbahnhof Rostock-Süd zu dem Streckengleis nach Stralsund, heute Dalwitzhofer Kurve genannt. Damit war eine direkte Zufuhr zur Baustelle ÜSH ohne Berührung des Rostocker Hbf ermöglicht. Der weitere Bau der Gleisanlagen erfolgte in drei Etappen. Zunächst schaffte man eine Gleisverbindung von Rostock Hbf nach Rostock-Dierkow bis zum 8.6. 1958. Dazu mussten 50.000 m^3 äußerst harter Mergelboden und 100.000 m^3 sonstiger Boden abgebaggert und als Bauausgleich anderenorts wieder verfüllt werden. Die B 105 Rostock–Stralsund wurde zeitweilig verlegt, um im Verlauf der Straße eine Brücke über die Bahnanlage zu errichten. Anschließend legte man ein durchgehendes Gleis von Dierkow bis Petersdorf, der Baustelle des ÜSH. Damit war der Anschluss der Baustelle ÜSH an das Gleisnetz der DR ermöglicht. Ab 7.10.1959 wurde auch der Berufsverkehr mit provisorischem Bahnsteig im Überseehafen per Schiene möglich. Für die Baumaßnahmen mussten 1 Mio. m^3 Erdreich bewegt werden; dieses wurde dann als Verfüllung bzw. zur Errichtung von Eisenbahndämmen und Ablaufbergen benutzt.

Für diese Erdarbeiten standen Baugleise mit 900 mm Spur zur Verfügung. Güterwagen und zwei an die Bauunion verkaufte Dampfloks der Schmalspurbahn Bad Doberan kamen hier neben Fahrzeugen aus den Braunkohletagebauen zum Einsatz. Viel Arbeit und Mühe bereitete die Entwässerung der Anlagen während des Baus. In der Höhe des Bahnbetriebsgeländes bei Rostock-Toitenwinkel machten große Moorlinsen zu schaffen, die ausgebaggert und mit Sand gefüllt werden mussten. Während dieses Bauabschnittes waren ständig 400 Arbeitskräfte, die teilweise mit veraltetem Gerät arbeiteten, im Einsatz. Erleichterung gab es erst, als das erste Gleis lag und nun die

Zur Bewältigung von Zug- und Rangieraufgaben in der Hafenbahn waren in den 60er Jahren noch Dampflokomotiven der BR 57 aktiv im Einsatz. Eine Lokbrigade stellt sich zur Aufnahme für das Brigadetagebuch.
Aufnahme: Slg. Schwarz

Übergabe der Frachtpapiere an das Lokpersonal einer Güstrower Lok der BR 50.
Aufnahme: Slg Schwarz

Baumaterialien per Schiene angefahren werden konnten. Am 1.5.1960 wurde der Überseehafen offiziell eröffnet und die DR sowie der Hafen begannen von Pier II mit ihrer eigentlichen Tätigkeit, obwohl der Bau insgesamt noch lange nicht abgeschlossen war. Dazu wurde das Stellwerk B11 provisorisch und sieben Gleise mit zwei Gleiswaagen in Betrieb genommen. Für die notwendigen Rangierarbeiten stationierte die DR vier Dampflokomotiven der BR 57 im Überseehafen. Ab 1.7.1960 waren der Ölhafen und die Massengutpier an das Netz angeschlossen. Für die Massengutpier musste man elf Gleise und drei Gleiswaagen anschließen. Am 1.2.1962 ging das Wende-Bw für Bekohlung, Entschlackung und Wassernahme in Betrieb. Zum 1.5.1961 nahm die Hafenbahn ihr zentrales Dienstgebäude in Besitz. 1964 erhielt die Hafenbahn einen direkten Anschluss an die Strecke nach Berlin über die Neubaustrecke Kavelstorf–Überseehafen. Im gleichen Jahr führte die DR den UKW-Rangierfunk in der Hafenbahn ein. Mit Beginn des Sommerfahrplanes 1969 ging der neue Haltepunkt Rostock-Überseehafen Nord in Betrieb. Ab Herbst 1971 wurden die Rangierarbeiten nur noch durch Diesellokomotiven durchgeführt. Ende Herbst 1978 erfolgte die Übergabe der Gleisanlagen im Ölhafen an die neue Anschlussbahn vom VEB Minol mit einer fünfgleisigen Wagenübergabestelle. Die Getreideumschlagsanlage erhielt im Winter 1981 Anschluss an das Netz der Hafenbahn.

Bereits am 1.1.1961 war auf Verfügung des Ministeriums für Verkehrswesen die Dienststelle Hafenbahn gebildet worden. Diese wurde der Rbd Schwerin mit dem Charakter einer Anschlussbahn unterstellt. Es handelte sich um eine Komplexdienststelle, in dem die Bereiche Bahnhof, Bahnbetriebswerk, Bahnmeisterei sowie Signal- und Fernmeldemeisterei zusammengefasst waren. Zu dieser Dienststelle gehörten 1981 etwa 600 Eisenbahnerinnen und Eisenbahner. Die Eisenbahnanlagen erstreckten sich über eine Länge von mehr als 7 km. Die Gesamtgleislänge betrug ca. 180 km, dazu wurden 760 Weicheneinheiten verlegt. Der Rangierbahnhof umfasste 5 Gleisbildstellwerke, 2 Ablaufberge, 4 Balkengleisbremsen, 1 Bahnbetriebswerk, sonstige Werkstätten sowie Einrichtungen für die Betriebsleitung und soziale Betreuung der Beschäftigten. 1980 waren täglich 16 Diesellokomotiven der Baureihe 102 und 106 im Einsatz. Im täglichen Bestand waren ca. 2.600 Güterwagen. Im Ein- und Ausgang wurden durchschnittlich pro Tag 90 Züge behandelt. Die eisenbahnseitigen Leistungen setzten sich aus 80% der Leistungen für die Hafenbahn und 20% für Umstellaufgaben im Netz der DR zusammen. Dazu muss man beachten, dass hafenseitig oft sehr große Schwankungen auftraten, die durch Schlechtwetterperioden bzw. verspäteten Zulauf der zu entladenden Schiffe verursacht wurden. 1970 waren 5,9 Mio. t, 1980 10,9 Mio. t, 1985 15,1 Mio. t und 1989 20,1 Mio. t zu transportieren. Hinzu kam ein täglicher Berufsverkehr von ca. 2.500 Personen in jede Richtung auf die jeweilige Schichtorganisation abgestimmt.

Am 1.1.1982 wurde aus der Komplexdienststelle der Bahnhof Rostock-Seehafen im Reichsbahnamt Rostock. Er gehörte zu den größten Rangierbahnhöfen der DR. In ihm endeten folgende Hauptbahnen: Rostock Hbf–Kassebohm–Rostock-Seehafen, Neustrelitz–Kavelstorf–Rostock-Seehafen, Stralsund–Bentwisch–Rostock-Seehafen. Der Bahnhof stellte damit eine Verbindung von klassischem Rangierbahnhof und einer Anschlussbahn dar. Inzwischen gab es bereits sieben Gleisbildstellwerke, von denen 648 Weichen fernbedient wurden, dazu kamen noch 360 handbediente Weichen, meist im Umschlagbereich. Im Einsatz waren 20 Lokomotiven der BR 102, 106 und 111 des Bw Rostock-Seehafen. Zwei Reservefahrzeuge standen stets zur Verfügung. Die Gleisbremstechnik wurde stark erweitert. Es gab vier Talbremsstaffeln, 32 Richtungsgleisbremsen, 32 Dreikraftbremsen und 32 Gummigleisbremsen, die sich positiv auf die Arbeitssicherheit auswirkten. Der Einsatz eines Mikrorechnersystems war langfristig geplant und kam 1989 zum Einsatz. Es diente zur Überwachung des Güterwagenparks. Zum Dienstort Rostock-Seehafen gehörten weiter folgende Dienststellen: Bw Rostock-Seehafen, Bahnmeisterei Rostock-Seehafen, Außendienststellen des Instandhaltungswerkes Signal- und Fernmeldewesen, des Betriebswagenwerkes Rostock, des Bahnstromwerkes und der Hochbaumeisterei Rostock. Weiterhin gehörten dazu eine Außenstelle der Hauptabteilung Investition und Elektrifizierung und die Aufbauleitung Rostock-Seehafen. Das Gleisnetz betrug 1987 bereits 240 km. Der Umschlag des Seehafens hatte sich bis 1988 auf 20 Mio. t

Die dynamische Entwicklung des Hafenbahnhofes brachte ständige Bau- und Instandhaltungsarbeiten mit sich. Hier sind die Weichenschlosser am Wirken.
Aufnahme: Slg. Schwarz

1961 ist das zentrale Dienstgebäude der Hafenbahn in Betrieb genommen worden. Ein Blick über die Gleisanlagen der Richtungsgruppe vermittelt uns den überalterten Wagenpark und das Verwaltungsgebäude mit der zentralen Betriebsüberwachung, der Bahnhofsdispatcherleitung, wie sie damals hieß.
Aufnahme: Klarner, Slg. Schwarz

Vor dem Bau des Hp Überseehafen Nord gab es in der Bauphase des Hafen einen Werkshaltepunkt im Hafengelände an der Ost-West-Straße bei der Schiffsversorgung. Hier ein Personenzug 1967.
Aufnahme: Slg. Schwarz

erhöht. Für 1990 waren 26 Mio. t vorgesehen, die aber nach der Wende 1989/90 nicht mehr erreicht wurden. Der tägliche Wagenbestand hatte sich auf durchschnittlich 3.900 erhöht, dies entsprach ca. 1/3 des Bestandes der gesamten Rbd Schwerin. Seit dem 23.11.1985 wird der Bahnhof Rostock-Seehafen elektrisch angefahren. Eine weitere Ausfahrgruppe ging am 14.12.85 in Betrieb, dazu kam 1987 eine weitere Vorstellgruppe. In Spitzenzeiten wurden 67 Züge täglich abgefahren und 92 Züge aufgelöst. Im Zeitraum 1989/90 waren weitere Vorstellgruppen im Bau.

In einer frühen Planungsphase sollte eine Verbindung Rostock-Seehafen mit Rostock-Stadthafen über die nach 1932 begonnene Trasse entlang von Dierkow hergestellt werden, um das umständliche Zuführen von Wagen vom Güterbahnhof über die Grubenstraße zu vermeiden. Diese Planung wurde aber niemals realisiert, da der Stadthafen stillgelegt werden sollte. Für den Personenverkehr gab es ursprünglich die Haltepunkte Überseehafen Süd, Mitte und Nord. Mit dem Aufbau der Stadtteile Dierkow und Toitenwinkel wurden die Haltepunkte zum Teil verlegt und als neue Haltepunkte 'Dierkow', 'Hinrichsdorfer Straße', 'Toitenwinkel' und 'Überseehafen-Nord' angelegt. Für die Betriebseisenbahner hielten die Züge aber auch beim Bw Rostock-Seehafen.

Nach 1992 wurden die Transportleistungen mehr und mehr von LKW und Pipeline übernommen. Die seewärtigen Leistungen werden heute zum größten Teil von Fähren, Tankern und Massengutschiffen erbracht, während sich der reine Stückguttransport drastisch verringerte. Der Bahnhof Rostock-Seehafen ist einer der wenigen Standorte einer Niederlassung von DB Cargo in Deutschland.

Die Vorstellgleise an den Schiffsliegeplätzen waren über Jahre gut mit Wagen bestückt. Schwere körperliche Arbeit kennzeichnete die Verladetätigkeit.
Aufnahme: Pressestelle des Seehafens

Nicht alltäglich, aber doch des öfteren wurden auch Schienenfahrzeuge der Waggonbauindustrie über See verladen. Für die Uganda Railway und für Indonesien sind Waggons geliefert worden, die im Hafen mittels Drehgestellaustausch für das Bestimmungsland hergerichtet wurden.
Aufnahme: Pressestelle des Seehafens

DB CARGO-Niederlassung Seehafen

Rostock Seehafen ist einer der wenigen Standorte im Netz der DB AG, die eine Niederlassung des Geschäftsbereiches Cargo (Güterverkehr) erhalten. Kernpunkt ist das alte Bw Rostock Seehafen, welches gründlich saniert und erweitert wird. Zu Beginn des Jahres 1999 wurde die Entscheidung getroffen. Die Bauarbeiten sollen noch 1999 beginnen und im Sommer 2000 abgeschlossen werden. 10 Millionen DM will die DB Cargo investieren und damit 100 Arbeitsplätze schaffen bzw. erhalten. Kernpunkt des Vorhabens ist Instandhaltungswerkstatt für Lokomotiven und Wagen des Geschäftsbereiches einhergehend mit der Konzentration der Kommunikation und Administration an einem Standort. Der bis 1999 stark vernachlässigte Erhaltungszustand vorhandener Bausubstanz hat für sich gesehen schon einen fragwürdigen Anblick bereitet, der nicht gerade förderlich für die Arbeitsleistungen war. Am 1.6.1966 war das Bw Seehafen seiner Bestimmung übergeben worden.

Nach der dringlichen Sanierung des Dienstgebäudes wird nun die Lokomotivwerkstatt umgebaut. Diese wird künftig als Güterwagenreparaturhalle genutzt werden. Die Arbeiten erfolgten bisher im Freien. Man rechnet mit einem Reparaturbedarf von etwa 35 Wagen/Tag. Für die Lokomotivinstandhaltung wird ein neuer Werkstattbau auf dem Gelände errichtet werden, der allen Anforderungen in technischer und psychologischer Hinsicht entsprechen wird. Die neu gestalteten Arbeitsplätze werden sich positiv auf die Leistungsbereitschaft und die Verbundenheit zum Unternehmen auswirken.

Der Bahnhof Rostock-Seehafen ist nach 1994 der einzige Knotenbahnhof für den Güterverkehr in Mecklenburg-Vorpommern, ein positiver Aspekt für den Standort der DB in Rostock und für den Arbeitsmarkt der Stadt. Hier werden alle zu DB Cargo gehörenden Lokomotiven des Nordens stationiert, hier werden die für den Cargoverkehr erforderlichen Personale ihre Heimatdienststelle haben und alle im Netz der ehemaligen RBD Greifswald und Schwerin befindlichen Güterladestellen werden dem Rostocker Cargo-Bahnhof unterstellt. Die Palette reicht von Mukran bis Neubrandenburg, von Rostock und Wismar bis Wittenberge.

Beheimatete Triebfahrzeuge im Cargobahnhof Seehafen, Stand 30. 03.1999

232	008, 021, 027, 032, 114, 118, 125, 131, 132, 137, 151, 155, 184, 191, 233, 294, 308, 309, 314, 357, 358, 372, 373, 396, 397, 401, 429, 434, 465, 470, 477, 501, 508, 513, 517, 534, 541, 547, 561, 567, 588, 598, 620, 624, 632, 633, 636, 640, 647, 649, 655, 696, 706, 707, 709
291	002, 007, 008, 040, 042, 043
298	045, 054, 085, 307, 309, 312, 315, 318
311	519, 697, 709
312	110, 111, 112, 124, 126, 129, 141, 153, 154, 178, 179, 215, 217, 221, 227, 238
335	047, 073, 081
344	006, 011, 019, 066, 090, 093, 773, 808, 958
345	004, 033, 038, 046, 048, 052, 057, 112, 143, 144, 153, 155
346	467, 618, 632, 633, 646, 647, 674, 676, 689, 692, 697, 701,702, 704, 713, 718, 721, 722, 725, 727, 728, 735, 739, 769, 774, 786, 792, 803, 807, 811, 812, 815, 831, 834, 840, 848, 853, 864, 878, 947, 967, 971, 983, 984, 993
347	036, 079, 096, 140, 141, 142, 975
352	001
364	389, 525, 567, 594, 755, 849, 900, 916

Kurz vor Redaktionsschluss wurde nun bekannt, dass sich DB Cargo auf dem Markt nicht im erwarteten Maßstab durchsetzen konnte und daraufhin eine Fusion mit dem niederländischen NS Cargo eingegangen ist. Der Anspruch des neuen Unternehmens lautet »Cargo for Europe« und gibt sich den Namen »Railion«. Ab 01.01.2000 soll es dann ein »Railion Benelux« und ein »Railion Deutschland« mit gemeinsamem Sitz in Mainz geben. Hoffen wir, dass das neue Management den Schienengüterverkehr stabilisieren kann.

Industrieanschlüsse

Die zweite Hälfte des 19. Jahrhunderts war von einer Blütezeit in Industrie und Handel gekennzeichnet. Die Eisenbahnen sorgten für einen schnellen und reibungslosen Warenaustausch. Sie wurden zum Antrieb für die rasche Entwicklung der Wirtschaft. Auch in Rostock stieg die Anzahl der Betriebe rapide an.

Daher ist es wenig verwunderlich, dass in der Zeit nach 1850 rund um den Friedrich-Franz-Bahnhof und östlich des Stadthafens eine Anzahl neuer Betriebe entstand. Der Osthafen erhielt erst um 1932 einen Gleisanschluss, ausgehend vom Stadthafen über die Petribrücke. Die heutigen Straßennamen wie »Beim Kalkofen« oder »Bei der Knochenmühle« erinnern noch an die hier typischen Industrie- und Gewerbezweige.

Im gleichen Jahr, in dem die erste Eisenbahn Rostock erreichte, eröffnete die »Werft für Eisenschiffbau«, die spätere Neptun-Werft, ihren Betrieb. Anfangs befand sie sich noch nicht auf dem heutigen Standort, sondern weiter östlich. Sie besaß auch noch keinen eigenen Bahnanschluss. Transporte gingen in den Stadthafen.

Die heutige Anbindung vom Bahnhof Bramow aus konnte erst nach der Eröffnung der Strecke nach Warnemünde im Jahr 1886 erfolgen.

Das Gaswerk in der Bleicherstraße nahm am 15. November 1856 seinen Betrieb auf. Hier wurde durch Entgasung von Steinkohle Stadtgas gewonnen. Da das Werk direkt am Bahnhof der Friedrich-Franz-Bahn lag und ein Anschlussgleis erhielt, konnte der Antransport der Steinkohle rationell per Bahn erfolgen. Der Gasabsatz stieg in den Folgejahren rapide: von 1856 bis 1910 um das Zehnfache. Daher wurde das Gaswerk ständig erweitert. Bereits 1899 war ein kompletter Neubau erforderlich, der direkt neben der alten Anlage entstand. Zwischen 1915 und 1918 wurde noch eine weitere Anlage neu gebaut.

Die bereits 1842 gegründete Riedelsche Dachpappenfabrik im Osthafen verarbeitete den anfallenden Teer des Gaswerkes, der aber aller Wahrscheinlichkeit nach nicht per Bahn transportiert wurde.

Zum Ende des 19. Jahrhunderts bekam die Dampfkraft erste Konkurrenz durch die aufkommende Elektroenergie. Um 1890 wurde auch in Rostock der Ruf von Industrie und Gewerbe nach einer einheitlichen Elektroenergieversorgung laut. Doch sollte es noch einige Zeit dauern, bevor am 1.12.1900 das Städtische Elektrizitätswerk in Betrieb ging. Die Standortentscheidung für die Bleicherstraße hatte allerdings nicht direkt mit der Bahn zu tun. Wichtig war die Nähe zum Gaswerk, denn der Antrieb der Generatoren geschah durch Gasmotoren.

Eng mit der Eisenbahn verbunden war die Entwicklung der R. Dolberg Maschinen- und Feldbahnfabrik AG, die im Jahre 1878 gegründet wurde. Vor allem mit der Herstellung von Feldbahnmaterialien konnte sich diese Firma nicht nur in Deutschland, sondern weltweit einen guten Ruf erarbeiten. Das Firmengelände befand sich anfangs auf dem Gelände Fischerbruch 23/23a, später kam ein großes Fabrikgebäude in der Blücherstraße hinzu. Dabei baute die Fabrik nicht nur Fahrzeuge; auch komplette Feldbahnnetze wurden angeboten. Weiterhin erweiterte man ständig das Produktionsprofil: landwirtschaftliche Geräte, Torfstechmaschinen, Fuhrwerke und selbst elektrische Grubenlokomotiven wurden gebaut. Das Gelände dieser Firma wurde im Zweiten Weltkrieg durch Bombardierungen restlos zerstört und nicht wieder aufgebaut.

Mit Eröffnung der Strecke Stralsund - Rostock im Jahre 1888 bekam auch die Zuckerfabrik Cassebohm eine Anschlussbahn, die als Ausweichanschluss-Stelle vom Güterbahnhof bedient wurde. Auch diese Fabrik fiel den Bombardierungen 1944 zum Opfer. Auf dem Gelände etablierten sich nach 1945 der VEB Chemiehandel und ein Betonwerk, das vorgefertigte Bauteile für Wohn- und Industriebauten herstellte.

Im Folgenden sollen noch einige kleinere und mittlere Betriebe erwähnt werden, die in der Blütezeit der Gründerjahre entstanden.

Auch der im Jahre 1892 neu erbaute städtische Schlachthof in der Schwaaner Landstraße hatte Bahnanschluss. Durch ein direktes Anschlussgleis vom Lloyd-Bahnhof aus konnte der An- und Abtransport rationell gestaltet werden. Im Jahre 1938 wurde dieses Gelände zugunsten des neuen Grenzschlachthofes Bramow aufgegeben. Noch in den 60er Jahren wurde das Gleis als Anschluss für einen Baubetrieb genutzt.

Selbst die Brauerei Mahn & Ohlerich in der Doberaner Straße, seinerzeit größte Brauerei in Mecklenburg, bediente sich der Eisenbahn. Obwohl sie keinen direkten Bahnanschluss hatte, besaß sie z.B. im Jahre 1927 neun eigene Eisenbahnwagen, die als Privatwagen in den Staatsbahnpark eingestellt waren.

Weiterhin dürfte auch noch jüngeren Rostockern der Anschluss der Weinkellerei in der Grubenstraße ein Begriff sein. Dieser ist ein schönes Beispiel dafür, dass nicht jeder Anschluss auf ein mehr oder weniger großes Betriebsgelände führen muss. Noch bis 1990 standen an dieser Stelle die Weinkesselwagen mitten auf einer öffentlichen Straße. Es geht das Gerücht, dass so manche Nacht die Rostocker Studenten mit Behältern hierherkamen, um die Neige aus den Wagen zu holen.

12. Bahnanlagen

Die Eisenbahnbauten entstehen

Mehr als heute war es für das neue Transportmittel Eisenbahn erforderlich, einen »Hof«, eine Beheimatung, zu haben. Dafür gab es verschiedene Gründe. Hauptgrund war der Reifegrad der Technik; Wetterfestigkeit, Wartung und Reparatur erforderten sachbezogene Einrichtungen. Die wollen wir uns im Werdegang der Geschichte etwas näher anschauen. So mussten anfangs Schuppen für die Unterstellung der Lokomotiven während der Betriebsruhezeiten und der noch hölzernen Wagen errichtet werden. Neben diesen Bauten für den Selbstzweck ging es vorrangig darum, den Menschen und den zu tranportierenden Gütern den Zugang zum Verkehrsmittel zu verschaffen. Die Palette dafür reicht von ländlich einfach bis anspruchsvoll für Hoheiten. Je nach dem, welche Klientel am jeweiligen Ort bedient werden sollte. Dafür bildete sich der Begriff »Bahnhof« heraus.

Das Stellwerk Dalwitzhof im Spiegel der Jahre um die Jahrhundertwende. Hier verzweigen sich noch heute die Strecken nach Tessin und Laage mit den Rostocker Bahnhöfen.
Aufnahme: Slg. Schultz

Mit der Eisenbahn in Rostock kam also das Empfangsgebäude, der Güterschuppen und Laderampen ebenso in das städtische Bild wie ein Lokomotivschuppen, eine Werkstatt und ein Wagenschuppen. Das Bewusstsein der Menschen erweiterte sich um diese Begriffe und was sich dahinter verbarg.

Unterhalb der Stadt, vor dem Mühlendamm fand der neue Bahnhof seinen Standort, zu erreichen vom Steintor aus über die Bahnhofstraße. In dem anspruchsvoll nach bürgerlichen Maßstäben der Zeit errichteten Empfangsgebäude gab es Dienstwohnungen für die drei wichtigsten Beamten des Bahnbetriebes im Obergeschoss. Das Erdgeschoss oder im Souterrain waren die Diensträume für den kommerziellen Verkehr sowie Warteräume für Reisende, natürlich nach Klassen getrennt, eingerichtet. Ein solch kompaktes Bauwerk, unterschiedlich meist in Größe und Handschrift des Architekten, stellte für die damalige Zeit das Tor zur Welt dar. Trotz Vorhandensein der Eisenbahn blieb es für viele ein Traum, durch das Tor in die Welt zu reisen.

Der Friedrich-Franz-Bahnhof von 1850 zeigt deutlich die klassizistischen Formen in der Fassade, die später am Lloyd-Bahnhof von 1886 nicht mehr wieder zu finden sind. Auch der Bahnhof von Warnemünde aus dem Jahr 1903 zeigt wieder einen Wandel in der Architektur. Alle anderen Bauten und die nach dem 1. Weltkrieg errichteten Bauten zeigen mehr Sachlichkeit in der Bauausführung für ihren gedachten Zweck. Auch alle zweckorientierten Umbauten der bestehenden Gebäude sind nach sachlichen Kriterien und Sparsamkeitsprinzipien erfolgt. Die Blütezeit des Jugendstils findet sich in den Rostocker Bahnhofsbauten nicht wieder. Nur leichte Ansätze in der äußeren Fassadengestaltung der Schalterhalle des Vorgebäudes zum Lloyd-Bahnhof von 1913 weisen auf die Epoche hin. Seit diesen Jahren sind in Rostock keine verkehrsrelevanten Bauten mehr errichtet worden. Eine Reihe von Schäden im Zweiten Weltkrieg mussten hingenommen werden und auch in der Folgezeit kam nichts Neues hinzu.

Der aufmerksame Betrachter findet aber an jedem Gebäude noch originale Details in der Architektur, die die Baumeister der Umbauten und Reparaturen unbeachtet übernommen haben, beispielsweise die gusseiserne Säule im Lloyd-Bahnhofsgebäude vor der Treppe zum Bahnsteigtunnel. Die Lage des Lloyd-Bahnhofes wurde durch die bestehende Streckenführung der Wismarer Bahn vorbestimmt. 1886 wurde der Bau errichtet, natürlich mit einem Empfangssalon für hohe Herrschaften am westlichen Giebel, in dem in den letzten Jahren die zentrale Platzreservierung und zuletzt ein Obstverkauf untergebracht war.

Der Lloyd-Bahnhof wurde ausschließlich für den Reiseverkehr profiliert. Später bezeichnete man ihn als »Central-Bahnhof«, bis er 1920 durch die Reichsbahn in »Hauptbahnhof« umbenannt wurde.

Der Central-Bahnhof wurde schrittweise seinen Aufgaben immer besser gerecht. Das ursprüngliche Lloyd-Bahnhofsgebäude ist das Vorempfangsgebäude geworden. Für die neuen Verkehrsströme reichten aber bald nach Schaffung des Treppenabganges zum Tunnel die Abfertigungseinrichtungen nicht mehr aus. Links war die Gepäckabfertigung und rechts vom Treppenabgang waren zwei Fahrkartenschalter vorhanden. Vielfältige Überlegungen zur Veränderung dieser Engpass-Situation wurden angestellt, nach Abstimmungen mit der Stadt ist dann der halbrunde Vorbau als Schalterhalle und Verweilraum für Reisende in den Jahren 1911 bis 1913 entstanden. Damit entstand eine großzügige Lösung mit acht Fahrkartenschaltern und vom Dach her mit Tageslicht erhellter Empfangshalle. Im ehemaligen Empfangsraum entstand die Treppe zum Tunnel. Oberhalb der Treppe waren zwei Kabinen für die Bahnsteigschaffner zur Durchgangskontrolle aufgestellt. Eine gusseiserne Säule der alten Halle ist bis heute erhalten und sichtbar geblieben. Diese Empfangshalle löste das bis dahin vorhandene Vordach als Wetterschutz vor den Eingangstüren ab.

Um die Erreichbarkeit des Bahnhofes von der Stadt aus zu verbessern, wurde ab 1904 die elektrische Straßenbahn in Nachfolge der Pferdebahn errichtet. Kurios für Rostock war, dass jede der beiden Linien aus dem Stadtgebiet ihre eigene Wendeschleife auf dem Bahnhofsvorplatz hatte. Dieser Zustand währte aber nur bis zum Erweiterungsbau des Bahnhofsgebäudes 1911. Diese Bausubstanz hat sich trotz der kriegsbedingten Beschädigungen im Wesentlichen erhalten, von denen wir noch lesen werden.

Der im ländlichen Baustil errichtete Bahnhof Bramow besaß nur einen Warteraum der 3.Klasse, sowie einen Dienstraum für die Abfertigung von Reisenden und des Güterverkehrs, kombiniert mit den Einrichtungen für die Betriebsabwicklung. Der hier tätige Eisenbahner war aufgrund seiner Bedeutung und notwendigen Zuverlässigkeit als Beamter eingestuft. Er stellte Weichen und Signale, verkaufte Fahrkarten, fertigte die Frachtbriefe für Gütersendungen aus und gab dann auch Abfahrbefehle für die Züge mit dem Befehlsstab, der im Volksmund liebevoll »Kelle« genannt wurde. Bei der Dichte des Zugverkehrs um die Jahrhundertwende alles kein Problem.

In Warnemünde entstanden, wie schon genannt, zwei Bahnhöfe. Der erste Bahnhof war der Kopfbahnhof vor dem Warnow-Strom von der Lloyd-Bahn. Ganz typisch war die Gebäudearchitektur für die Bauten der Lloyd-Bahn in rotem Klinker mit gelben Strukturelementen. 16 Jahre später wurde er abgelöst durch einen Neubau im Zusammenhang mit den Baumaßnahmen zur Einrichtung des Eisenbahn-Trajektverkehrs. Dieses neue Bahnhofsgebäude erhielt in seinem Innern gut gegliedert die Aufenthalts- und Diensträume. Die Warteräume waren nach 2. und 3. Klasse unterteilt und für den Großherzog oder andere Hoheiten ist ein separates Empfangsgebäude mittig zwischen Bahnsteig 3 und 4 errichtet worden. Sein Aufenthaltsraum ist mit einer kunstvollen Decke in Holzschnitzwerk versehen worden. Die Deutsche Reichsbahn machte daraus den Dienstraum für die Aufsicht und die Telefonzentrale. Hinter einer Zwischendecke verborgen ist die alte Handwerkskunst erhalten geblieben und sorgte im Rahmen denkmalpflegerischer Arbeiten für Bewunderung. Das Gebäude selbst ist saniert und strahlt wie in früheren Zeiten. Was später einmal daraus wird, ist noch offen. Nach Ausbau der eisenbahntechnischen Einrichtungen wäre es gut für ein niveauvolles Bahnsteig-Cafe.

Entwicklung der Gleisanlagen

Die Gleisanlagen der Eisenbahn stellen den Fahrweg für die Ortsveränderungen dar. Die Bemessung der Gleisflächen war aufgrund der Kostenintensität stets ein ausgiebig zu diskutierender und zu untersuchender Sachverhalt. Die kontinuierliche Geldknappheit im Lande Mecklenburg sorgte schon davon ausgehend für bescheidene Anlagen. Oft sind die Anlagen so kurzsichtig angelegt worden, dass sie die spätere bedarfsgerechte Erweiterungen nur begrenzt zuließen. Selbst nach 150 Jahren Eisenbahngeschichte erhält man den Eindruck von zu wenig vorausschauender Planung. Das beste Beispiel sind die ehemalige Bahnsteiganlage des Friedrich-Franz-Bahnhofes und die gekrümmten Gleisanlagen des Hauptbahnhofes, ausgehend von der ursprünglichen Bahnsteiganlage eines Haus- und eines Zwischenbahnsteiges. Dabei war zu damaliger Zeit genügend Freifläche für die Ausbildung einer Bahnhofsgleisanlage nach Süden verfügbar. Der gewählte Zwangspunkt, die Lage des Wismarer Streckengleises, wäre aus heutiger Sicht völlig sekundär einzustufen.

Mit der funktionalen Bestimmung der Bahnhöfe mussten auch noch gleistechnische Veränderungen vorgenommen werden. Markantestes Bauwerk ist die Streckeneinführung der Stralsunder Strecke in den Central-Bahnhof. Bis dato fuhren die Züge am Bahnsteig 3 des Friedrich-Franz-Bahnhofes ein und aus. Für die Einführung der Strecke in den Central-Bahnhof gab es drei Varianten, aber das kostengünstigste Projekt mit Beibehaltung der Warnowbrücke und einer Dammschüttung durch die Warnowwiesen bei Überbrückung der Güterbahnhofsgleise mit anschließendem Gegenbogen, und das alles in einer Neigung gelegen, wurde realisiert. Noch handelte es sich bei der Strecke Stralsund–Rostock um eine Nebenbahn mit einer Fahrgeschwindigkeit von 30 km/h. Nur so ist die aus heutiger Sicht nicht zu vertretende Gleisgeometrie zu erklären. Schnell- und Eilzugverkehr wurden erst mit dem Ausbau der Strecke zur Hauptbahn ab 1926 eingeführt. Die Fahrgeschwindigkeit betrug dann 85 km/h. Die Einfahrten in die Rostocker Bahnhöfe waren wegen der Gleisgeometrie auf 60 km/h beschränkt worden. Die Einführung der Stralsunder, also der preußischen Strecke, in den mecklenburgischen Bahnhof war aus politischen und damit rechtlichen Gründen auch nicht so einfach, wie man denken möchte. Für die preußischen Züge wurde beim Bahnhofsumbau zum Central-Bahnhof eine separate Bahnsteiganlage geschaffen. So entstand der wenig beliebte lange Bahnsteig 1/2 mit seinem späteren schmalen Treppenabgang zum Personentunnel. Alle Züge von und nach Stralsund verkehrten ab 1905 von diesem Bahnsteig.

Mit der Fertigstellung der neuen Bahnsteige 9 und 10 um 1922 ist zusätzliche Bahnsteigkapazität geschaffen worden, die die Auflassung des Bahnsteiges 2 ermöglichte. Das Gleis war somit frei für Zugfahrten zum Bahnsteig 3. Die Bahnsteiganlage der Bahnsteige 3, 4, 5, 7, 8, 11 und 14 blieb in ihrer Anlage und Nutzung bis heute unverändert. Die Bahnsteige 3 und 8 dienten den Schnell- und Eilzügen der Relationen nach Berlin und Hamburg mit Weiterführung bis Warnemünde, während die übrigen Bahnsteige den Personenzügen des Nahbereiches vorbehalten blieben.

Nach der Verlagerung des Reiseverkehrs vom Friedrich-Franz-Bahnhof zum Central-Bahnhof wurde die dortige dreigleisige Bahnsteiganlage zurückgebaut, um Platz für die zum Hafen führenden Güterverkehrsgleise zu schaffen.

Alle von Rostock ausgehenden Strecken waren um die Jahrhundertwende noch eingleisig. Auf der »Stadt«-Strecke nach Warnemünde war 1905 der Kreuzungsbahnhof Bramow eingerichtet worden. Für die Betriebsführung reichte die Streckenkapazität nicht mehr aus und somit begann die M.F.F.E. schon 1906 mit dem Bau des 2. Gleises zwischen Central-Bahnhof und Bramow. Bis zum Sommerfahrplan 1911 wurde die Gesamtstrecke bis Warnemünde zweigleisig ausgebaut.

Die stürmische Entwicklung der Stadt zog auch immer weitergehende Baumaßnahmen der Eisenbahnanlagen nach sich. Der Bahnhof Bramow wurde kontinuierlich ausgebaut. Zahlreiche Industrieniederlassungen siedelten sich hier im Umfeld an und erwarben auch eigene Gleisanschlüsse. So erhielt Bramow einen Inselbahnsteig für den Personenverkehr. Reste des alten Hausbahnsteiges aus der Frühzeit sind noch heute vor dem alten Dienstgebäude auf etwa 50 m Länge erhalten.Mit dem Bau des Warnemünder Fährbahnhofes ist der alte Warnemünder Bahnhof als Güterbahnhof in Höhe des heutigen Haltepunktes »Werft« entstanden. Er diente dem Ortsgüterverkehr und als Vorstellgleisgruppe für den Fährverkehr.

Der Entwicklung der Bahnsteiganlage gelten die folgenden Ausführungen. Im neuen Fährbahnhof sind die Bahnsteige 4 und 5 den Schnellzügen der Richtungen Berlin und Hamburg vorbehalten, Bahnsteig 3 und später, nach 1911, auch die Bahnsteige 1 und 2 waren für den Vorortverkehr nach Rostock vorgesehen. Der Bahnsteig 6 wurde als Außenbahnsteig im Vorfeld geplanter Erhöhungen der Verkehrsleistungen nach Skandinavien und letztlich in Vorbereitung der Olympiade 1936 in Berlin geschaffen. Von hier gab es eine neue Gleistrasse direkt zum Fähranleger B. Später nutzte man den Bahnsteig 5 nicht mehr. Das Gleis wurde Rangiergleis zu den Fähranlegern. Damit entfiel das Überschreiten des Gleises 4 zum Bahnsteig 5, denn es gab einen Personentunnel zur Fähre am Neuen Strom und einen neu geschaffenen Zugang zum Bahnsteig 6. Weiter gab es noch die Bahnsteige 7 bis 10. Von diesen dienten je zwei den beiden Fähranlegern als Bereitstellungsgleise für die zu trajektierenden Reisezugwagen und waren in ihrer Länge auch mit maximal 4 Wagenlängen der Gleislänge eines Fährschiffgleises angepasst. Diese Bahnsteige sind gar nicht so recht im Bewusstsein der Bevölkerung, da sie dem normalen Reisenden von 1944 bis 1989 versperrt blieben. Nur »genehmigte Auslandsreisende« konnten davon Kenntnis erhalten.

Etwa im Jahre 1895 ist der Haltepunkt Ulmenstraße eröffnet worden. Mit dem Ende des Ersten Weltkrieges wurde die Ladestelle für die Kasernen am Haltepunkt Ulmenstraße entbehrlich. Sie war durch eine mit Toren verschließbare Einfahrt aus dem Streckengleis erreichbar und ist zurückgebaut worden. Hier legten Eisenbahner in Folge Kleingärten auf den nun freien Flächen an. Der Haltepunkt Ulmenstraße wurde mit dem neuen Haltepunkt Parkstraße aufgelassen.

Im Stadtgebiet von Rostock gibt es noch einen Bedarfshaltepunkt. Auch dieser war in den letzten Jahrzehnten nur noch Eisenbahnern geläufig. Das ist der Haltepunkt »Dalwitzhof« an der Tribseer Strecke bzw. Kavelstorfer Strecke mit einem 50 m langen Bahnsteig. Er befand sich am Wohngebäude in Nachbarschaft des Stellwerkes »Dalwitzhof« (Abzweigstelle), am niveaufreien Kreuzungspunkt der Strecken vom Hauptbahnhof nach Tessin/Kavelstorf mit der Strecke von Schwaan zum Güterbahnhof.

Nicht unerwähnt bleiben soll ein Haltepunkt an der Wismarer Strecke in Höhe der Brücke Rennbahnallee am Zoo. Wahrscheinlich ist er als Zugang für die in der Nähe liegenden Kasernen und militärischen Übungsgebiete angelegt worden. In öffentlichen Fahrplänen war er nicht verzeichnet. Eine Streckenliste von 1920 nennt an dieser Stelle eine »Blockstelle Barnstorf«. In den 30er Jahren taucht der Name dann nicht mehr auf.

Das einzig noch erhaltene Stellwerk von 1890 im Güterbahnhof als Stellwerk »W 3«, bis 1994 noch in Betrieb. Es steht nördlich des Friedrich-Franz-Bahn-Lokschuppens.
Aufnahme: Schultz

Das Sicherungswesen

Nach den betrieblichen Einrichtungen für die Zugförderung sind für die Sicherung der Transporte auf der Strecke und in den Bahnhöfen nach den handbedienten Weichen Stellwerke und ein ganzer technischer Zweig »Sicherungswesen« entstanden. Diese in langer Entwicklung später als Signal- und Fernmeldemeistereien bezeichneten Dienststellen spielten in der Transportdurchführung eine außerordentliche Rolle. 1850 gab es örtlich zu bedienende Handweichen, Drehscheiben und optische Flügeltelegraphen, aus denen später die Signale wurden. Mit der Fernbedienung dieser Einrichtungen entstanden die Wärterposten und später die Stellwerke der mannigfaltigen Bauarten. Mit dem Ausbau der Eisenbahnanlagen nach der Jahrhundertwende waren dies durchaus imposante Bauwerke geworden, in denen die Stell- und Sicherungseinrichtungen für den Zugverkehr ihren Platz fanden. Das Bedienungspersonal waren Weichen- bzw. Signalwärter, die über Drahtzugleitungen die Einrichtungen »fern«stellten. Kommandogewalt über das Geschehen im Betriebsablauf hatte der Fahrdienstleiter. Er war der Zugleitung untergeordnet, die über den vorgeschriebenen Betriebsablauf wachte. Die ersten Rostocker Stellwerksbauten entstanden unter Führung der M.F.F.E. nach 1890. Bis dahin waren noch die handbedienten Weichen vorherrschend. Aus dieser Periode sind uns bis heute das Stellwerk W 3 des Güterbahnhofes nördlich des Lokschuppens und W 1 des Central-Bahnhofes neben den ehemaligen Anschluss des Raw an der Südseite der Gleisanlagen erhalten geblieben. Hierin befinden sich seit Jahren Übernachtungsräume. Es galt, den Betriebsablauf flüssiger zu gestalten und dabei keine Abstriche an der Sicherheit zuzulassen. Die Sicherungstechnik beschränkte sich auf mechanische Verschlüsse in den Hebelbänken und auf eine »Menge« von

Das Stellwerk »Wbe«, Warnowbrücke West, war das letzte preußische Stellwerk vor Rostock. An dieser Abzweigung teilte sich die von Stralsund kommende Strecke in die Richtungen zum Hbf und zum Gbf auf. Mit der Inbetriebnahme des Gleisbildstellwerkes »B1« auf dem Hbf 1969 wurde es überflüssig und bis 1972 abgetragen.
Aufnahme: Slg Schultz

Vorschriften, die das gepriesene Verantwortungsbewusstsein und die Zuverlässigkeit der Eisenbahner bzw. des Berufsstandes geradezu herausforderten. Von den Wärterposten, von denen es je Bahnhof 3-5 Stück gab, die ebenerdig angelegte »Buden« waren, ist uns eine als Posten 219 im Güterbahnhof vor der Brücke der Ernst-Barlach-Straße (und der Posten 72 am Überweg Schwaaner Landstraße) erhalten geblieben. Hierin war bis 1991 ein Schlüsselwerk zum Freischalten der Fahrstraßen nach Zugfahrten von bzw. zum Hafen eingerichtet. Die neue Generation der Stellwerke nach 1920 war einheitlich in der Bauart Stahmer und wies Fußbodenhöhen von mindestens 4 m auf, damit über den Stellwerksbezirk eine gute Sicht bestand. Zur Bedienung der Weichen und Signale gab es Hebelwerke, die auf entsprechenden Hebelbänke montiert waren. Alle Einrichtungen waren rein mechanischer Art, ingenieurtechnische Meisterleistungen im Zusammenwirken von Stell- und Sicherungseinrichtungen. Die Fahrdienstleiterstellwerke hatten elektrischen Streckenblock mit einem Kurbelgenerator erhalten. Die Rostocker und Warnemünder Stellwerke sind zwischen 1920 und 1923 in Betrieb genommen worden. Durch gleistechnische und Fahrstraßenänderungen gab es an diesen Stellwerken immer etwas zu bauen. Der Rostocker Hauptbahnhof

Stellwerk »W 3« von Warnemünde. In Betrieb gewesen bis zum Neubau des Zentalstellwerkes am südlichen Ende des Personenbahnhofes. Seit der Stilllegung wird es vom Rostocker Modelleisenbahn-Club genutzt.
Aufnahme: Schultz

Ein Blick zurück zum Hbf: Vom Neubaustellwerk »B 1« auf den Personenbahnhof. Im Vordergrund steht das alte, 1970 abgerissene Stellwerk »W 1«. Die Aufnahme entstand allerdings wegen der Ausfahrt des damals neuen Schnelltriebwagens als »Neptun-Express«, 1970.
Aufnahme: Slg. Schultz

1969 ist dieses Gleisbildstellwerk als neues »B1« für den gesamten Hauptbahnhof in Betrieb gegangen. Es löste 4 alte Stellwerke ab.
Aufnahme: Schultz

Voller Stolz nahmen die Eisenbahner 1988 das neue Zentralstellwerk in Warnemünde in Betrieb. Von hier wird der Zugbetrieb bis Bramow und der örtliche Rangierverkehr gesteuert.
Aufnahme: Schultz

wies drei Stellwerke auf. Das waren das schon zitierte »W 1« (W = Wärterstellwerk), dann das »B 2«(B = Befehlsstellwerk) am östlichen Kopf von Bahnsteig 4/5 und das »W 3« nordseitig des Gleisfeldes in Höhe des westlichen Endes von Bahnsteig 3/13. »B 2« und »W 3« sind nach 1969 in kurzer Frist abgerissen worden, nachdem das neugebaute Zentralstellwerk mit der Gleisbildtechnik GS II am 06. September 1969 in Betrieb gegangen war und seine Feuertaufe bestanden hatte. Eine für norddeutsche Verhältnisse einmalige Besonderheit gab es am alten Befehlsstellwerk noch: eine Signalbrücke mit Ausfahrtsignalen von den Bahnsteigen 3, 4, 5, 7, 8, 9 und 10 in östliche Richtung. Sie ist nach Außerbetriebsetzung der Formsignale sofort demontiert worden, die Fundamente erst mit den Vorbereitungen zur Elektrifizierung.

Der Anschlussbahnhof Cassebohm zur Zuckerfabrik an der Neubrandenburger Straße war als Ausweichanschlussstelle mit einem Wärterposten ausgerüstet, der nach Einfahrt einer Rangierabteilung die Strecke wieder »frei« meldete. Ebenfalls wurden die Schranken bedient. Die Weiche wurde vom Stellwerk »Wbe« an der Warnowbrücke mitbedient. Das Stellwerk war das »letzte preußische« vor Rostock und regelte die Zugfahrten von Stralsund kommend zum Güter- oder Personenbahnhof. Es war von der Bauart »Einheit«. Die erste Grenze zwischen den Reichsbahndirektionen Schwerin und Stettin verlief hier im km 70,3 bis sie 1932 bis vor Bentwisch verlegt wurde.

Der Güterbahnhof verfügte ebenfalls über drei Stellwerke, das erste, W 1, auch als Rgs (Rostock Güterbahnhof Süd) bezeichnet, hatte bei Einfahrt von Schwaan die Fahrstraßen für die Züge aller südlichen Verkehrsrichtungen zum Haupt- bzw. Güterbahnhof zu ordnen. Die Trasse des ehemaligen Einfahrgleises in den Hbf wur-

Anlässlich des 125-jährigen Eisenbahnjubiläums von Rostock fuhr ein Sonderzug mit 300 Eisenbahnfreunden von Rostock nach Tessin und zurück. Auf dem Hbf, von der Herwegstraße zugänglich, war eine historische Lokomotivparade zu sehen. Hier steht der Zug zur Rückfahrt in Tessin bereit.
Aufnahme: Schultz

de zum Teil für die neue Verbindungskurve nach Kassebohm genutzt. Das war 1958, 1960 ist der neu eingerichtete Kreuzungsbahnhof Kassebohm aus einer Abzweigstelle mit einem Fahrdienstleiter- und einem Wärterstellwerk in Betrieb gegangen. Davon ist noch das »W 1« in Betrieb, während das ehemalige »B 2« aufgelöst wurde mit dem Bau des Haltepunktes Kassebohm 1988. Das Gebäude nutzt jetzt ein Kleingärtner. »W 1« entstand als Abzweigstelle Rieckdahl mit dem Bau des Anschlussgleises zum Bau des Überseehafens. Von hier aus wird auch noch die Schranke zum Ortsteil Rieckdahl bedient, bis sie im Zuge des Streckenausbaus nach Stralsund durch neue Technik ersetzt wird.

Der Bahnhof Bramow wies bis zum Neubau des elektromechanischen Stellwerkes 1936 ebenfalls drei Stellwerke auf. Das waren »W 1« für die Anschlüsse zur Neptun-Werft und weiterer Anschlüsse, dann »B 2«, was bis 1936 im dem Raum des alten Bahnhofsgebäudes von Bramow installiert war, wo sich zu DR-Zeiten noch die Fahrkartenausgabe befand. Es folgt dann »W 3« am nördlichen Ende der Güterzuggleisgruppe. Mit den gleistechnischen Veränderungen 1936 bis 1938 ist als Stellwerk »B 2« ein Neubau mit moderner, elektrischer Technik entstanden. Von den drei Warnemünder Stellwerken hat sich eines, das nördliche, ehemalige »W 3« nahe Bahnsteig 6 erhalten. Es steht unter Denkmalschutz und wird vom Modelleisenbahnclub als Vereinsheim genutzt. Das mittlere Stellwerk, das ehemalige »B 2«, war im erstgebauten Empfangsgebäude neben der Tunneldurchfahrt und das südliche »W 1« im Bereich der Einfahrt zum Güterbahnhof Warnemünde positioniert. Alle Stellwerke wurden mit dem Neubau des Zentralstellwerkes »B 1« mit der Spurplantechnik GS III SP 68 an der Zufahrtsstraße zum Fähranleger nach Hohe Düne am südlichen Bahnsteigende nach dem 22.11.1988 aufgegeben. Von hier aus wird der Zug- und Rangierverkehr bis Bramow gesteuert. Die Signal- und Fernmeldemeistereien fanden in Nebengebäuden oder in Stellwerksanbauten ihren Platz.

Zum 130-jährigen Eisenbahnjubiläum von Rostock bestellten die Eisenbahnfreunde wieder einen Sonderzug. Von Rostock über Güstrow und Laage nach Rostock ging die Fahrt des vollbesetzten Zuges mit einer Lok der BR 38 im Mai des Jahres 1980. Im Bild ist er von der Fußgängerbrücke aus am Bahnsteig 5 abfahrbereit zu sehen.
Aufnahme: Jacobs

13. Zeittafel zur Rostocker Eisenbahngeschichte

07.12.1835	Erste Eisenbahn in Deutschland (Nürnberg–Fürth).
15.10.1846	Erste Eisenbahn in Mecklenburg (Wittenberge–Boizenburg).
01.05.1847	Erste Mecklenburgische Eisenbahn von Hagenow nach Schwerin eröffnet.
13.05.1850	Haupteisenbahn Linie (Schwerin) Kleinen–Rostock und Güstrow eröffnet.
Herbst 1853	Das Hafenanschlussgleis auf der überbauten Grube wird eröffnet und endet an einer Wagendrehscheibe im Bereich der heutigen Speicher.
31.12.1860	In diesem Jahr reisten von Rostock ab: 333 Pers. in der I. Klasse, 1.367 Pers.in der II. Klasse, 31.656 Pers. in der III. Klasse, 1.417 Pers. in der IV. Klasse.
27.07.1883	Nebenbahn Rostock F.F.B.–Doberan wird als 1. Teilstück der Wismar-Rostocker Eisenbahn eröffnet.
01.06.1886	Lloyd-Bahn Neustrelitz–Rostock eröffnet.
26.06.1886	Der Postdampferverkehr Warnemünde–Gedser wird aufgenommen und löst den Verkehr Rostock–Nyköbing ab.
01.07.1886	Lloyd-Bahn Rostock–Warnemünde eröffnet.
01.06.1889	Nebenbahn Ribnitz–Rostock F.F.B. eröffnet.
01.04.1890	Eisenbahnen in Mecklenburg werden verstaatlicht zur M.F.F.E.
16.11.1895	Nebenbahn Rostock F.F.B.–Tribsees / Sanitz–Tessin eröffnet.
1896/1897	Das Mittelempfangsgebäude und die neue Bahnsteiganlage des Lloyd-Bahnhofes werden errichtet. Alle Fernzüge verkehren jetzt über den zum Central-Bahnhof umbenannten Lloyd-Bahnhof.
Mai 1901	Erste Schnellzüge mit vierachsigen Wagen verkehren nach und von Rostock.
30.09.1903	Eisenbahntrajektverkehr nach Gedser mit vier Schiffen eröffnet.
23.05.1904	Die elektrische Straßenbahn nimmt ihren Betrieb auf.
1904	Die Stralsunder Strecke wird in den Central-Bahnhof eingeführt.
Mai 1905	Der Friedrich-Franz-Bahnhof wird ausschließlich Güterbahnhof. Das neue Betriebswerk in der Herwegh-Straße wird in Betrieb genommen.
1906	Das 2. Streckengleis Rostock Centralbf.–Warnemünde wird bis Bramow in Betrieb genommen.
1908	Kaiser Wilhelm II. besucht Rostock und wird mit hohen militärischen Ehren auf Bahnsteig 8 des Hauptbahnhofes empfangen.
01.06.1910	Die elektrische schmalspurige Kleinbahn zwischen Warnemünde und Markgrafenheide wird als »Strandbahn Warnemünde« in Betrieb genommen.
Mai 1911	Das 2. Streckengleis Bramow–Warnemünde wird in Betrieb genommen.
1912	In Warnemünde werden 2 mechanische Stellwerke in Betrieb genommen.
1913	Auf dem Central-Bahnhof wird der Vorbau der Empfangshalle errichtet.
01.01.1919	Die Mecklenburgische Landesbahn wird gegründet.
01.04.1920	Die Deutsche Reichsbahn wird gebildet aus den Länderbahnen.
Mai 1920	Der Central-Bahnhof wird in Rostock Hauptbahnhof umbenannt.
1922/1923	Auf dem Hauptbahnhof werden 3 neue Stellwerke und eine Signalbrücke errichtet. Der Bahnhof wurde mit Reichsbahn-Einheitssignalen ausgestattet.

	Der 1915 angelegte Notbahnsteig 9 wird durch den Neubau des Bahnsteiges 9/10 ersetzt und der Personentunnel dahin verlängert.
1924	Umbau und Modernisierung des FS »Mecklenburg«.
01.01.1924	Das Reichsbahnausbesserungswerk Rostock wird gegründet.
	Baubeginn für ein neues Bahnbetriebswerk bei Dalwitzhof.
01.01.1924	Die Dienststelle »Bahnbetriebswerk Rostock« wird gebildet.
30.08.1924	Die Deutsche Reichsbahn wird Deutsche Reichsbahn Gesellschaft.
1925	Die Strecke Stralsund–Rostock wird zur Hauptbahn ausgebaut.
1926	Die Strecke Rostock–Laage–Lalendorf wird zur Hauptbahn ausgebaut.
Mai 1926	Das neue Salonfährschiff »Schwerin« wird in Dienst gestellt.
Mai 1927	Erste Schnellzuglokomotiven preußischer Bauart der BR 17.10 werden in Rostock beheimatet.
1932	Die Warnowbrücke am Güterbahnhof wird erneuert, die Petribrücke wird erneuert und um eine Eisenbahnbrücke zum Osthafengebiet erweitert.
1933	Die Warnowbrücke bei Niex der Strecke nach Laage wird erneuert.
1934	Das elektromechanische Stellwerk Bramow wird in Betrieb genommen.
März 1935	2 Neubau-Schnellzuglokomotiven der BR 03 werden in Rostock in Dienst gestellt.
September 1935	Für den Arbeiterberufsverkehr wird der Hp Marienehe in Betrieb genommen.
01.06.1936	In Rostock sind 54 Dampflokomotiven beheimatet.
1936	Für den neuen Straßenzug Lübecker Straße–Hamburger Straße werden am neu geschaffenen Holbeinplatz 3 Brücken eingebaut.
Mai 1936	In Hauptverkehrszeiten wird ein 30 min-Verkehr nach Warnemünde eingerichtet. Die Züge halten nicht auf allen Unterwegsstationen.
1936	Mit modernsten Wagen und Schnellzuglokomotiven der BR 03 werden Sonderzüge für die Teilnehmer und Gäste der olympischen Spiele in Berlin aus den skandinavischen Ländern gefahren.
Mai 1938	Der neue Bahnhof Schmarl an der wegen Flugplatzbau in Marienehe verschwenkten Gleistrasse wird in Betrieb genommen.
April 1939	Das Betriebswerk Rostock erhält 2 stromlinienverkleidete Schnellzuglokomotiven der BR 03.10.
Mai 1940	Der Haltepunkt Marienehe wird öffentlicher Haltepunkt.
Mai 1942	Bombenangriffe auf Rostock beschädigen die Bahnanlagen stark.
1944	Bombenangriffe auf den Hauptbahnhof und die anderen Bahnanlagen hinterlassen schwere Schäden.
1944	Der Wallgraben mit dem Hafengleis vom Hbf wird zwischen Kröpeliner und Grünem Tor mit Trümmerschutt verfüllt.
08.05.1945	Ende des 2. Weltkrieges. Rostocker Verkehrsanlagen stark zerstört.
11.08.1945	Die sowjetische Militäradministration übergibt den Eisenbahnverkehr offiziell wieder in die Hände Deutscher Eisenbahner. Demontagen gehen noch weiter.
10.05.1947	Der Fährverkehr nach Gedser wird mit dem dänischen Schiff »Danmark« wieder aufgenommen.
17.12.1948	Die Strecke Schwaan–Rostock Hbf wird nach eingleisigem Wiederaufbau in Betrieb genommen.
1948	Der Güterboden auf dem Güterbahnhof wird nach seinen Kriegsschäden insgesamt instandgesetzt.
01.04.1949	Das neugebaute Anschlussgleis von Bramow zum Stadthafen wird erst- und einmalig befahren.
13.05.1950	Das 100. Eisenbahnjubiläum von Rostock wird nicht begangen. Die Sorgen der Zeit lassen keinen Raum zum »Jubeln«.
Sommer 1950	Die Tagesrückfahrkarte nach Warnemünde wird wieder eingeführt.
September 1951	Der Haltepunkt Warnemünde Werft wird für den Arbeiterberufsverkehr eröffnet.

1958 Kassebohm wird als Abzweigbahnhof für die Neubaustrecke zum Überseehafen an der Stralsunder Strecke eingerichtet. Ab 1960 Ausbau zum Kreuzungsbahnhof.

Die Verbindungskurve vom Güterbahnhof Süd nach Kassebohm wird unter teilweiser Nutzung der Trasse des ehemaligen östlichen Einfahrtgleises zum Hbf. errichtet.

Der Haltepunkt Schmarl wird wieder Kreuzungsbahnhof.

Der erweiterte Güterbahnhof Bramow wird seiner Bestimmung übergeben.

01.05.1960 Erste Gleisanlagen des neuen Überseehafens und des Hafenbahnhofes werden in Betrieb genommen.

02.10.1960 Eröffnung des Städteschnellverkehrs über die neue Magistrale (wiederaufgebaute Lloyd-Bahn-Strecke bis Neustrelitz) nach Berlin.

07.07.1961 Die Hafenbahn Rostock wird von der DR offiziell in Betrieb genommen.

26.05.1963 Die neue Großfähre »WARNEMÜNDE« wird in Dienst gestellt.

September 1963 Die Verbindungskurve vom Überseehafen nach Bentwisch wird in Betrieb genommen.

07.10.1964 Die Strecke vom Überseehafen nach Kavelstorf an der Magistrale nach Berlin wird eingleisig in Betrieb genommen.

1965 Das 2. Gleis zwischen Hauptbahnhof und Bramow ist wiederaufgebaut und wird in Betrieb genommen.

September 1965 Mit Lokomotiven der BR 62 wird der Wendezugbetrieb nach Warnemünde eingeführt.

Mai 1967 Die Einführung der Dieseltraktion bereitet das Ende der Dampftraktion vor. Diesellokomotiven der BR V 100 lösen im S-Bahn Verkehr die BR 62 ab.

März 1968 Der Umbau der Gleisanlagen des Hauptbahnhofes beginnt.

Fertigstellung der Straßenunterführung am Goetheplatz zur Südstadt.

06.09.1969 Das neue Gleisbildstellwerk als Zentralstellwerk wird in Betrieb genommen und löst die bisherigen 3 Stellwerke auf dem Hbf und 2 im Vorfeld ab.

12.10.1970 Inbetriebnahme der Stichbahnstrecke von Bramow nach Lütten Klein und Eröffnung des Haltepunktes Lütten Klein Süd.

09.07.1971 Der Haltepunkt Evershagen wird eröffnet.

Juli 1972 Große Lokomotivausstellung mit dem Verkehrsmuseum Dresden auf dem Güterbahnhof Rostock anlässlich der regionalen »Ostseemesse«.

1974–1975 Neubau des 2. Streckengleises von Bützow nach Schwaan und Wiederaufbau des 2. Streckengleises Schwaan–Rostock, jedoch ohne das früher vorhandene 2. (östliche) Einfahrtgleis in den Hauptbahnhof Rostock.

26.05.1974 Die neue Strecke über Lütten Klein nach Warnemünde geht feierlich in Betrieb.
Der Bahnhof Schmarl und die alte Trasse Evershagen–Warnemünde Werft wird stillgelegt und demontiert, um Platz für die zu bauenden Wohngebiete Schmarl und Groß Klein zu schaffen.

28.09.1974 Der Vorortverkehr Rostock Hbf–Warnemünde wird zur S-Bahn Rostock umbenannt. Die S-Bahn wird zum Jugendobjekt erklärt. Der Haltepunkt Lichtenhagen wird eröffnet.

07.10.1974 Auf dem Zentralstellwerk geht die Prozessrechneranlage für die Fernsteuerung der Magistrale in Betrieb.

Mai 1975 Mit einer Fahrzeugparade auf dem Hbf und einer Sonderfahrt nach Tessin wird das 125. Eisenbahnjubiläum von Rostock begangen.

15.11.1976 Der »Städteexpress« nach Berlin wird eingeführt. Dank des gehobenen Niveaus ist er schnell beliebt.

1977 Eine neue Brücke im Verlauf der Tessiner Straße wird über die Stralsunder Strecke bei Kassebohm errichtet.

1977 Erstes offizielles Ende der Dampftraktion in Rostock. Nur die zum Bw Rostock gehörenden Lok des Molli in Bad Doberan bleiben erhalten.

1978 Umfangreiche Erweiterungen der Hafenbahn beginnen, um den ständig wachsenden Güterstrom aus dem Hafenumschlag zu bewältigen.

07.10.1979 Der neu gebaute Bahnsteig 11/12 wird fertiggestellt, ebenso der verlängerte Personentunnel und der Ausgang zur Südstadt. Der bisherige Bahnsteig 11 wird in Nr. 13 umbenannt.

02.08.1982	Die Anschlussbahn des Düngemittelwerkes Rostock von Bentwisch nach Poppendorf wird eröffnet.
1982–1985	Das Bw Rostock setzt wieder Dampfloks ein. Zwei bis drei Lokomotiven der Baureihe 50 werden hauptsächlich zum Vorheizen von S-Bahnen in Warnemünde gebraucht.
17.05.1985	Die Elektrifizierung der Strecke von Güstrow wird fertiggestellt. Aufnahme des elektrischen Zugbetriebes zum Fahrplanwechsel nach Berlin.
20.05.1985	Elektrische Lokomotiven werden im Bw Rostock stationiert.
30.09.1985	Elektrischer Betrieb zwischen Rostock-Hbf und Warnemünde sowie zwischen Rostock-Hbf und Rostock-Güterbahnhof wird eröffnet.
15.12.1985	Elektrischer Betrieb zwischen Rostock-Hbf und Rostock-Überseehafen sowie zwischen Überseehafen und Kavelstorf eröffnet.
28.04.1986	Elektrischer Betrieb zwischen Bützow und Rostock-Hbf eröffnet.
Mai 1988	Das neue Gleisbildstellwerk in Warnemünde wird in Betrieb genommen und ersetzt 3 alte mechanische Stellwerke.
November 1990	Nach der Grenzöffnung kommen DB-Züge verstärkt nach Rostock.
30.09.1990	Haltepunkt Cassebohm eröffnet.
16.09.1991	Elektrischer Betrieb zwischen Stralsund und Rostock-Hbf eröffnet.
01.12.1993	Durch die Auflösung des Bw Wismar erhält Rostock wieder eine Dampflokomotive. Die 50 3545 wird bis zu ihrem Fristablauf am 05.12.1994 von Rostock aus für Sonderleistungen eingesetzt. Zusammen mit der Schöneweider 52 8134 ist sie damit die letzte reguläre Normalspur-Dampflokomotive im Bestand der DR.
01.01.1994	Die Deutsche Reichsbahn wird mit der Deutschen Bundesbahn zur neuen Deutschen Bahn Aktiengesellschaft umgewandelt.
Oktober 1995	Die 1977 errichtete Brücke der Tessiner Straße über die Stralsunder Strecke wird wegen falscher Planung und infolge von Baumängeln abgebrochen. Der Neubau an gleicher Stelle wird am 31.10.1997 seiner Bestimmung übergeben.
24.09.1995	Die Deutsche Fährgesellschaft Ostsee (DFO) stellt den Fährverkehr zwischen Warnemünde und Gedser ein. Alle Eisenbahnleistungen werden auf die Vogelfluglinie Puttgarten–Rödby umgeleitet.
01.06.1997	Der Eisenbahnverkehr auf der Strecke Rostock–Tessin wird eingestellt. Es wird Schienenersatzverkehr gefahren. In dieser Zeit wird die Warnowbrücke bei Kessin neu gebaut und die Gesamtstrecke grundlegend saniert. Die Baufertigstellung verzögert sich mehrmals, so dass die Strecke erst am 30.05.1999 wieder eröffnet werden kann. Geplant war der August 1998.
24.05.1998	Die Ostmecklenburgische Eisenbahn (OME) übernimmt den Verkehr auf der Strecke Güstrow–Laage–Rostock mit modernen Talent-Triebwagen.
24.05.1998	Einführung der S-Bahn Linie S 3 Rostock–Schwaan–Güstrow.
24.05.1998	Der Gesamtverkehr zwischen Rostock-Hbf und Bad Doberan wird wegen Grundsanierung der Strecke bis zum Herbst 1998 eingestellt. Es wird Schienenersatzverkehr eingerichtet.
16.06.1998	Der »UrlaubsExpress Mecklenburg-Vorpommern« vom Ruhrgebiet nach Rügen wird während des Sommers an Sonnabenden zum Sondertarif eingeführt. Im Jahr 1998 noch ohne Halt in Rostock.
18.12.1998	Erster Spatenstich für die Rekonstruktion des Hauptbahnhofes.
19.06.1999	Der »UrlaubsExpress Mecklenburg-Vorpommern« verkehrt wieder. Von nun an hält er auch in Rostock-Kassebohm.
24./25.09.1999	Das 25-jährige Jubiläum der S-Bahn wird mit einer Fachkonferenz und einer Großveranstaltung mit Fahrzeugschau in Warnemünde gefeiert.
26.09.1999	Wegen bevorstehender Sanierung der Gleisanlagen wird zwischen Rövershagen und Graal-Müritz Schienenersatzverkehr eingerichtet. Voraussichtlich im Frühjahr 2001 soll der Verkehr wieder rollen.
Dezember 1999	Die äußere Rekonstruktion des Vorempfangsgebäudes vom Hauptbahnhof ist abgeschlossen. Investitionen für die Modernisierung des Betriebshofes Rostock der DB Regio beginnen. Der Abschluss ist für 2001 geplant.

Nachwort

In der vorliegenden Dokumentation haben wir die Eisenbahngeschichte von Rostock dargestellt. Zu einem Detail mehr, zum anderen weniger. Insgesamt sollte es überschaubar bleiben und durch die Darstellung technischer Details keine Gefahr laufen, den Zusammenhang und die Überschaubarkeit zu gefährden. Höhen und Tiefen in der Entwicklung, Fortschritt und Stagnation kennzeichnen die Entwicklung des Verkehrswesens auf der Schiene im Verlauf der letzten 150 Jahre. Eisenbahngeschichte in Rostock heißt auch dynamische Weiterentwicklung, also kein Schluss-Strich unter eine erreichte Situation. Dabei haben sich auch Szenarien herausgebildet, von denen man sich schrittweise verabschieden muss. Der ungeheure Konkurrenzdruck des Straßenverkehrs hat den Schienenverkehr in arge Bedrängnis gebracht. Dieser muss, um zu überleben, harte Maßstäbe an sich selbst legen. Unter dem Dach einer Aktiengesellschaft soll die Deutsche Bahn bis 2003 alles neu strukturiert und effizient gestaltet haben. Was für die Buchhalter differenziert und überschaubar ist, ist für die Reisenden noch lange nicht von Vorteil. Manches hat den Anschein, dass sich die Strukturbereiche auseinanderleben, eigentlich tödlich für das »Organ« Eisenbahn in einer gewachsenen Einheit, die nur im komplexen Wirken funktionieren kann. Gerade haben wir zur Kenntnis erhalten, dass der Vorstand der DB AG personell ausgewechselt wurde. Aber ist das die Lösung? In den Führungsetagen sind ganz andere Probleme zu lösen, die nur mit der Identifikation der Mitarbeiter mit ihrem Arbeitsgegenstand im Einklang gelingen.

Wenn wir an der Schwelle stehen, von einigen Eisenbahnstrecken und anderen eisenbahntechnischen Einrichtungen Abschied zu nehmen, bringen wir Verständnis für den Einzug neuer Technik und Technologie auf. Wir hoffen aber auch, dass sich der Teilkonzern »Reise & Touristik« daran erinnert, dass Rostock ein bedeutender Verkehrsknoten in Mecklenburg und eines Anschlusses an das ICE-Netz würdig ist. Auch die Politik hat noch Weichenstellungen nötig, um Chancengleichheit und strukturbedingte Wirkungsbereiche herauszustellen und nutzbar zu machen.

In der Bahnreform sollte sich die Eisenbahn als unverzichtbares infrastrukturelles Grundelement mit wettbewerbsfähigen Preisen herausstellen. Dass dem nicht so ist, zeigt die Tatsache, dass eine Urlaubsfahrt mit dem Pkw für eine Familie wesentlich billiger und flexibler ist, als eine Fahrt mit öffentlichen Verkehrsmitteln. Ruft man sich die Bilder von vor 20 Jahren ins Gedächtnis zurück, als man für 8 Pf/km reiste und welch Reisekomfort damals bestand, erkennt man doch den gewaltigen Fortschritt in unserer Zeit, wo wir jetzt 27,2 Pf/km im Grundtarif zahlen. Viele Sondertarife machen das Angebot schwer überschaubar bis undurchsichtig, zum Nachteil für den Bahnkunden. Aber freuen wir uns über die klimatisierten Intercity- und Interregio- Züge und moderne Nahverkehrszüge. Die Entscheidung für eine ruhige Fahrt mit der Eisenbahn oder eine Fahrt im Auto mit seinen Staueinlagen und Risiken wird jeder in Zukunft nach seinem Geschmack treffen können. Nur eben gilt es zu bedenken, nichts ist so wie es einmal war.

Wünschen wir der Eisenbahn, dass sie sich in den nächsten Jahren von Angebot und Leistung so stabilisiert, dass man mit Genugtuung auf sie schauen kann. Im europäischen Umfeld gibt es genug Beispiele, wo das Anliegen erfolgreich umgesetzt werden konnte. Das gilt für den Personen- wie für den Gütervekehr.

Der jahrzehntelang vernachlässigte Hauptbahnhof Rostock setzt mit seiner begonnenen Rekonstruktion ein Zeichen für die Zukunft, modern, zeitgemäß und einladend.

14. Quellenverzeichnis

- Jahresberichte der Mecklenburgischen Eisenbahn. Schwerin, 1851 und Folgejahre.
- Amtsblatt der RBD Schwerin. Schwerin, 1933-1941, 1946-1948.
- Übersicht der Personenwagen der M.F.F.E.
- Bericht über die Verwaltung der Mecklenburg-Schwerinschen Landeseisenbahnen im Betriebsjahr 1919/20. Schwerin, 1920.
- Landeshauptarchiv Schwerin. Akten der Rbd Schwerin.
- Stadtarchiv Rostock. Unterlagen Ratsarchiv.
- Harder/Kobschätzky: Die Großherzoglichen Staatseisenbahnen in Mecklenburg und Oldenburg. Stuttgart, 1978.
- Schultz-Naumann: Mecklenburg 1945. Berlin, 1991.
- 20 Jahre Bahnbau der Jugend Rostock–Schwaan. Schwerin, 1968.
- 20 Jahre DDR–20 Jahre sozialistische Entwicklung des Eisenbahnwesens im Rbd-Bezirk Schwerin. Schwerin, 1969.
- 25 Jahre DDR, ein Vierteljahrhundert Kampf um Frieden, Demokratie und Sozialismus. 25 Jahre erfolgreiche Arbeit im Rbd-Bezirk Schwerin. Herausgeber: Politische Abteilung der Rbd Schwerin. Schwerin, 1974.
- Erfolgreiche Jahre. Bilanzmaterial zum X. Parteitag. Herausgeber: Politische Abteilung der Rbd Schwerin. Schwerin, 1980.
- 130 Jahre Eisenbahnen in Rostock. Rostock, 1980.
- Kirsche, Lohr, Thielmann: Lokomotiv-Archiv Mecklenburg/Oldenburg. Berlin, 1989.
- Bahnhofsbücher von Rostocker Bahnhöfen.
- Handbuch der deutschen Klein- und Privatbahnen, 1928.
- Eisenbahn-Jahrbuch. Berlin, 1970.
- Eisenbahn-Jahrbuch. Berlin, 1980.
- Archiv für Landeskunde. Schwerin, 1854.
- Archiv für Eisenbahnwesen. Berlin, 1894.
- Kursbücher und Taschenfahrpläne. 1886–1999.
- Rostocker Anzeiger, versch. Jahrgänge, 1886 bis 1933.
- Ostsee-Zeitung. 1971–1999.
- Fahrt Frei. Zeitung der Eisenbahner. Verschiedene Jahrgänge bis 1990.
- Eisenbahn-Praxis. Berlin, Hefte 1/84, 6/84 und 4/87.
- Private Sammlungen der Autoren.

15. Abkürzungsverzeichnis

Bf	Bahnhof
BR	Baureihe
Bw, BW	Bahnbetriebswerk
DB AG	Deutsche Bahn Aktiengesellschaft
DDR	Deutsche Demokratische Republik (1949-1989)
DMR	Dieselmotorenwerk Rostock
DR	Deutsche Reichsbahn (1945–1993)
DRB	Deutsche Reichsbahn (1937–1945)
DRG	Deutsche Reichsbahn Gesellschaft (1920–1937)
DSB	Dänische Staatsbahnen
D-Zug	Schnellzug mit Durchgangswagen
F.F.B.	Friedrich-Franz-Bahnhof
Gbf	Güterbahnhof
Hbf	Hauptbahnhof
Hp	Haltepunkt
KPEV	Königlich Preußische Eisenbahn Verwaltung
M.F.F.E.	Mecklenburgische Friedrich Franz Eisenbahn
Raw, RAW	Reichsbahnausbesserungswerk
Rbd, RBD	Reichsbahndirektion
SBZ	Sowjetische Besatzungszone
SMAD	Sowjetische Militäradministration in Deutschland
ÜSH	Überseehafen

Lok-Legenden

Thomas Estler
Baureihe ET 65
Über 50 Jahre rackerten die Triebwagen der Reihe ET 65 in Stuttgarter Vororten, signalisierte das Heulen ihrer Motoren die Ankunft an den Haltestellen. Am 1. Oktober 1978 gingen die letzten Fahrzeuge in den Ruhestand. Dieses »Fahrzeugporträt« stellt Entwicklung, Technik und Einsatz der Heulsusen vor.
128 Seiten, 125 Bilder, davon 57 in Farbe, 16 Zeichn., 2 Karten
Bestell-Nr. 71111
DM 29,80

J. Michael Mehltretter
Dampflokomotiven
Die letzten in Deutschland
Vor 25 Jahren dampften die letzten Loks planmäßig durch Westdeutschland. Allgegenwärtig war damals der donnernde Klang dieser Giganten, ob nun von der 01 in Oberfranken oder der dreizylindrigen 44 im Weserbergland. Die Zeiten sind vorbei, aber noch lange nicht vergessen. Als Erinnerungshilfe bieten wir Ihnen jetzt diesen Bildband in einer preisgünstigen Spezialausgabe.
236 Seiten, 193 Bilder, davon 24 in Farbe, 20 Zeichnungen
Bestell-Nr. 71131 **DM 29,80**

Dirk Endisch
Die Baureihe 50.35
Sie war weder attraktiv noch schnell, in fast jedem Bw zuhause. Dampflok-Fans nahmen die BR 50.35 nicht besonders ernst. Viele Museumsbahnen in Deutschland haben jedoch die unverwüstliche BR 50.35 für sich entdeckt. Ein Porträt zu Geschichte, Betrieb und ihren aktuellen Einsätzen auf Museumsbahnen.
144 Seiten, 124 Bilder, davon 47 in Farbe, 6 Zeichnungen
Bestell-Nr. 71113 **DM 29,80**

Frank Larsen
Die Baureihe V 200.1
Die V 200.1 brachte in den 60ern das Wirtschaftswunder auf die Schienen. Wo die roten Renner auftauchten, kam das Aus für die Dampfloks. Aber die V 200.1 verlor das Rennen gegen die E-Loks.
128 Seiten, 117 Bilder, davon 67 in Farbe, 9 Zeichn.
Bestell-Nr. 71112
DM 29,80

Preuß/Scheffler
Baureihe 99.64-71
Endlich ein Buch, das die bullige Schmalspur-Dampflok aus Sachsen ausführlich würdigt.
128 Seiten, 120 Bilder davon 60 in Farbe
Bestell-Nr. 71123
DM 29,80

IHR VERLAG FÜR EISENBAHN-BÜCHER

Postfach 10 37 43 · 70032 Stuttgart
Telefon (07 11) 2108065 · Fax (07 11) 2108070

Stand März 2000
Änderungen in Preis und Lieferfähigkeit vorbehalten

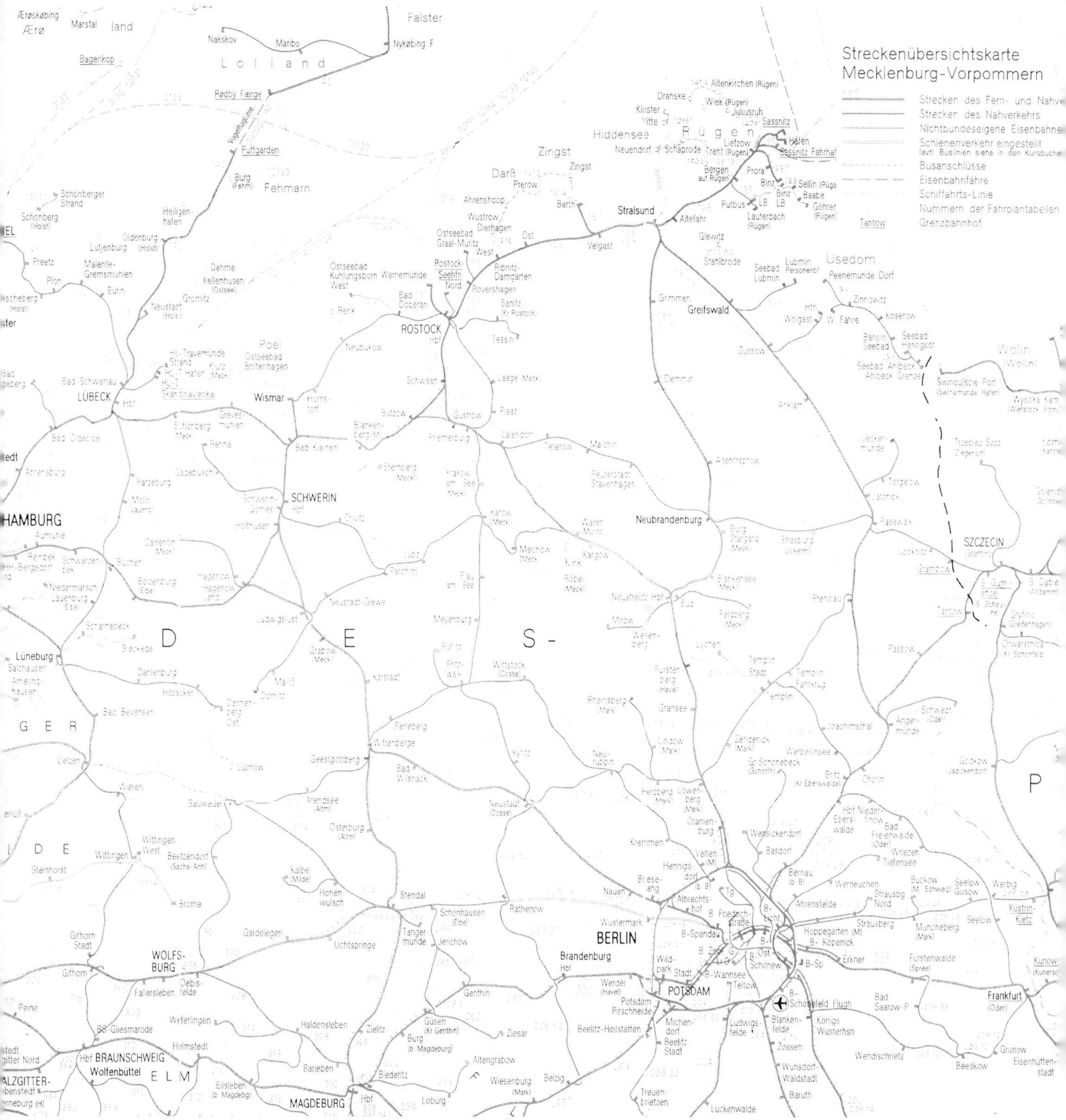
Streckenübersichtskarte
Mecklenburg-Vorpommern
Strecken des Fern- und Nahv
Strecken des Nahverkehrs
Nichtbundeseigene Eisenbahne
Schienenverkehr eingestellt
(evtl. Buslinien siehe in den Kursbuche
Busanschlüsse
Eisenbahnfähre
Schiffahrts-Linie
Nummern der Fahrplantabellen
Tantow
Grenzbahnhof
Ærøskøbing
Ærø
Marstal
Falster
Nakskov
Maribo
Nykøbing F
Bagenkop
Lolland
Rødby Færge
Vogelfluglinie
Puttgarden
Burg (Fehm)
Fehmarn
Schönberger Strand
Schönberg (Holst)
Heiligenhafen
Oldenburg (Holst)
Lütjenburg
Preetz
Malente-Gremsmühlen
Plön
Eutin
Dahme
Kellenhusen (Ostsee)
Grömitz
Neustadt (Holst)
HL-Travemünde Strand
HL-T Hafen
HL-T Skandinavienkai
Bad Schwartau
LÜBECK
Hbf
Bad Oldesloe
Ahrensburg
Ratzeburg
Mölln (Lauenb)
HAMBURG
Aumühle
Reinbek
HH-Bergedorf
Schwarzenbek
Büchen
Boizenburg (Elbe)
Niedermarschacht
Lauenburg (Elbe)
Lüneburg
Bad Bevensen
Uelzen
Wieren
Salzwedel
Wittingen
Wittingen West
Beetzendorf (Sachs-Anh)
Brome
Steinhorst
Gifhorn Stadt
Gifhorn
WOLFSBURG
Fallersleben
Oebisfelde
Peine
BS-Gliesmarode
Hbf BRAUNSCHWEIG
Wolfenbüttel
Helmstedt
Weferlingen
Haldensleben
MAGDEBURG
Biederitz
Loburg
Eilsleben (b. Magdebg)
Barleben
Zielitz
Stendal
Tangermünde
Jerichow
Genthin
Güsen (Kr Genthin)
Burg (b Magdeburg)
Ziesar
Altengrabow
Wiesenburg (Mark)
Belzig
Gardelegen
Uchtspringe
Kalbe (Milde)
Hohenwulsch
Osterburg (Altm)
Arendsee (Altm)
Geestgottberg
Wittenberge
Perleberg
Bad Wilsnack
Schönhausen (Elbe)
Rathenow
Brandenburg Hbf
Werder (Havel)
Potsdam Pirschheide
POTSDAM
Beelitz-Heilstätten
Michendorf
Beelitz Stadt
Treuenbrietzen
Luckenwalde
Wustermark
Nauen
Brieselang
Albrechtshof
Hennigsdorf (b B)
Velten (M)
Kremmen
Oranienburg
Löwenberg (Mark)
Herzberg (Mark)
Neuruppin
Neustadt (Dosse)
Kyritz
Wittstock (Dosse)
Pritzwalk
Putlitz
Meyenburg
Karstädt
Grabow (Meckl)
Ludwigslust
Neustadt-Glewe
Parchim
Lübz
Plau am See
Dömitz
Dannenberg Ost
Hitzacker
Dahlenburg
Bleckede
Hagenow Land
Hagenow
Zarrentin (Meckl)
Holthusen
Schwerin-Görries
SCHWERIN
Hbf
Crivitz
Bad Kleinen
Wismar
Hornstorf
Grevesmühlen
Schönberg (Meckl)
Rehna
Gadebusch
Poel
Ostseebad Boltenhagen
Klütz (Meckl)
Neubukow
Rerik
Bad Doberan
Ostseebad Kühlungsborn West
Warnemünde
Rostock-Seehafen Nord
ROSTOCK Hbf
Schwaan
Bützow
Blankenberg (M)
Sternberg (Meckl)
Güstrow
Priemerburg
Krakow am See (Meckl)
Karow (Meckl)
Malchow (Meckl)
Waren (Müritz)
Teterow
Malchin
Lalendorf
Reuterstadt Stavenhagen
Plaaz
Laage (Meckl)
Tessin
Sanitz (Kr Rostock)
Roversdhagen
Ribnitz-Damgarten West
Ribnitz-Damgarten Ost
Ostseebad Graal-Müritz
Wustrow
Dierhagen
Ahrenshoop
Darß
Prerow
Zingst
Barth
Velgast
Stralsund
Hiddensee
Neuendorf
Kloster
Vitte
Schaprode
Rügen
Dranske
Altenkirchen (Rügen)
Wiek (Rügen)
Juliusruh
Sassnitz
Hafen
Sassnitz Fährhaf
Lietzow
Trent (Rügen)
Bergen auf Rügen
Prora
Binz
Binz LB
Sellin (Rüge
Baabe
Göhren (Rügen)
Putbus
Lauterbach (Rügen)
Altefähr
Glewitz
Stahlbrode
Grimmen
Greifswald
Seebad Lubmin
Lubmin Personenbf
Usedom
Peenemünde Dorf
Zinnowitz
Wolgast
W. Fähre
Koserow
Bansin Seebad
Seebad Heringsdorf
Seebad Ahlbeck
Ahlbeck Grenze
Züssow
Demmin
Anklam
Altentreptow
Neubrandenburg
Burg Stargard (Meckl)
Strasburg (Uckerm)
Kargow
Kink
Röbel (Meckl)
Neustrelitz Hbf
Süd
Mirow
Wesenberg
Blankensee (Meckl)
Feldberg (Meckl)
Lychen
Fürstenberg (Havel)
Rheinsberg (Mark)
Gransee
Lindow (Mark)
Templin Stadt
Templin Fahrkrug
Templin
Zehdenick (Mark)
Joachimsthal
Werbellinsee
Gr Schönebeck (Schorfh)
Britz (Kr Eberswalde)
Eberswalde Hbf
Niederfinow
Bad Freienwalde (Oder)
Wriezen
Tiefensee
Wensickendorf
Basdorf
Bernau (b B)
Werneuchen
Ahrensfelde
Strausberg Nord
Strausberg
Buckow (M Schweiz)
Seelow Gusow
Werbig
Seelow
Küstrin-Kietz
Müncheberg (Mark)
Hoppegarten (M)
B-Köpenick
Erkner
Fürstenwalde (Spree)
Bad Saarow-P
Frankfurt (Oder)
Königs Wusterhsn
Wendisch Rietz
Beeskow
Grunow
Eisenhüttenstadt
Zossen
Wünsdorf-Waldstadt
Baruth
Blankenfelde
Ludwigsfelde
Teltow
B-Wannsee
B-Schönefeld Flugh
B-Sp
B-Ost
Schönew
B-Spandau
Wildpark
BERLIN
Tg
B-Friedrichstraße
B-Licht
Ueckermünde
Torgelow
Jatznick
Pasewalk
Löcknitz
Grambow
Prenzlau
Passow
Angermünde
Schwedt (Oder)
Chorin
Gödków (Jädickendorf)
SZCZECIN (Stettin)
Tantow
Gryfino (Greifenhagen)
Chwarstnica (Kl. Schönfeld)
Świnoujście Port (Swinemünde Hafen)
Wolin (Wollin)
Wysoka Kam (Wietstock (Pom)
Trzebiez Szcz (Ziegenort)
D E S -
G E R
D E
P
E L M